Contents

White Lacy

冬季的白色蕾丝花样

使用各种各样的冬季线材，演绎出美丽的蕾丝花样

1
White Lacy

阿兰花样与蕾丝组合的套头衫

这件套头衫使用略带有镂空感觉的金钱花组成了菱形花样，令人过目不忘。
柔软的长毛绒线，编织出了
柔美的阿兰花样。

＊使用线/钻石线MP
＊编织方法/33页

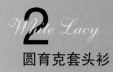

2

White Lacy

圆育克套头衫

使用光滑的平直毛线，
将华丽的镂空花样
使用分散减针的方法呈现出来，
组成了这件圆育克套头衫。
下摆与袖口的扇形花边
更增添了一分优雅的感觉。
＊使用线/钻石线AP
＊编织方法/52页

3

蕾丝花样半袖套头衫

这件带有圆鼓鼓的小球球的
可爱的半袖套头衫，
也适合在半正式场合穿着。
使用优质的平直毛线，
精心编织而成。
＊使用线/钻石线EXC
＊编织方法/37页

4

White Lacy

两件套——无袖套头衫

镂空花样与扭针相结合
自然而然地呈现出了立体感，
是一件中高领无袖套头衫。
快使用基础款的平直毛线，来编织这件历久不衰的毛衣吧。
＊使用线/钻石线DT
＊编织方法/45页

5

White Lacy

两件套——Y领开衫

与无袖套头衫使用了同样的编织花样，
并在下摆与袖口加入了镂空花样，
是一款带有成熟感的开衫。
两件套搭配在一起，很适合在正式场合穿着。
＊使用线/钻石线DT
＊编织方法/41页

6

钩针编织的喇叭形下摆套头衫

使用细款的平直毛线来钩织纤细的花样
是一款非常有设计感的套头衫。
在喇叭形的下摆与袖口处加入的优美的扇形花样,
呈现出了优雅的感觉。
＊使用线/钻石线DTF
＊编织方法/48页

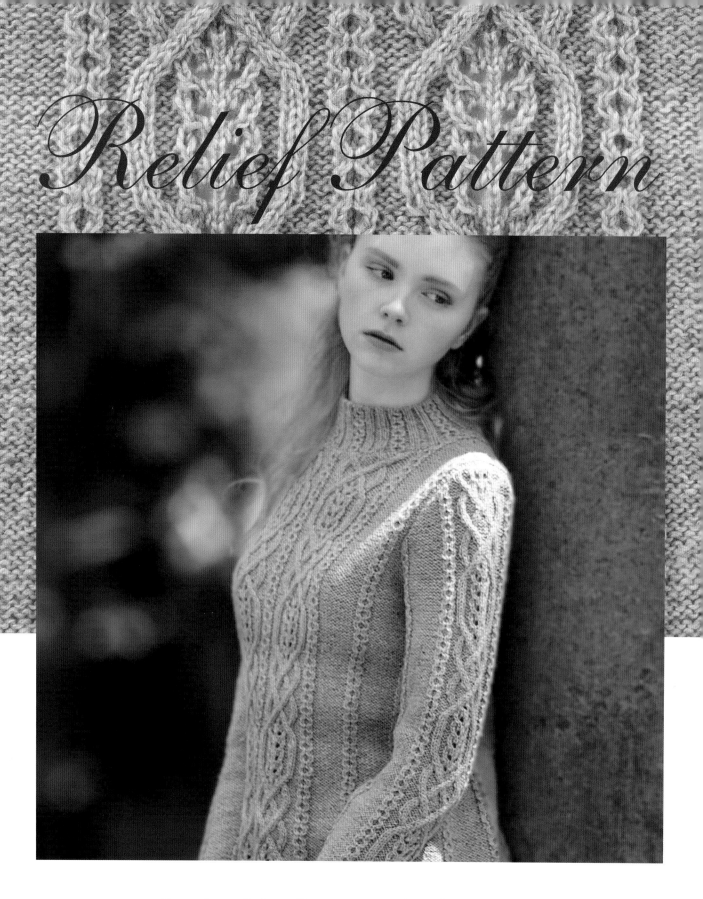

Relief Pattern

大自然中的浮雕花样

通过镂空花样和交叉技巧，呈现出了具有立体感的浮雕花样

7
Relief Pattern

长款收腰套头衫

灰色的朦胧渐变
十分优美，
使用苏格兰毛呢花式毛线
编织了这件舒适的长款收腰毛衣。
交叉花样与镂空花样的组合，
展现出了自然的凹凸感。

＊使用线/钻石线PS
＊编织方法/55页

8
纵向配色花样的套头衫

永恒的双色配色，
呈现了套头衫的成熟感。
使用有个性、手感柔软、
加入了金银丝线的苏格兰毛呢线，
编织出了这款时尚的毛衣。
＊使用线/钻石线DB
＊编织方法/59页

9 Relief Pattern

带风帽的长款马甲

温暖的阿兰花样马甲，
使用的是柔软的长毛绒线，
编织出了蓬松的感觉。
可以代替帽子的风帽，
在略微寒冷的日子里出门时，
穿它是最合适不过的了。
＊使用线/钻石线DDN
＊编织方法/68页

10

Relief Pattern

开衫外套

使用扭针的交叉花样、小球球等
组合出了美丽的浮雕花样。
这件使用长毛绒线
编织出来的开衫外套，
呈现出了一种别样的风情。

＊使用线/钻石线DDN
＊编织方法/63页

乐享美丽的颜色与花样的组合

多样的色彩渐变，多变的精美花样

长款收腰背心

使用轻柔的色彩组合的
长毛绒线编织而成，
是一款具有女人味的背心。
菱形花样中的小球球
给作品增添几许可爱。
＊使用线/钻石线OP
＊编织方法/72页

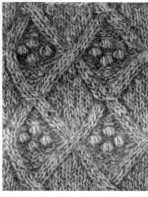

作品　紫色、绿色、橙色、粉色系（301）

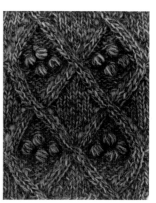

A　紫色、蓝色、黄绿色、橙色系（303）

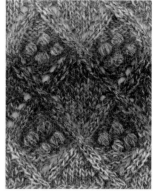

B　粉色、灰色、黄绿色、橙色系（307）

17

简单的交叉与镂空花样组合的
等针直编的披肩，
可以自由地搭配，是其最令人开心的一点。
使用色彩鲜艳的粗纱段染毛线，
编织出了这款柔软的披肩。
＊使用线/钻石线CP
＊编织方法/79页

作品　紫红色、黄绿色系（206）

A　黄绿色、红色系（205）

B　茶色、黑白色系（201）

作品　米色、粉色、蓝色系（367）

A　灰色、粉色、蓝色系（362）

B　紫粉色、蓝色、黄绿色系（370）

带有饰边的前开马甲

这是一款漂亮的渐变色彩组合的马甲。
下摆、衣领、前门襟处的饰边，
更添了一分女人味。
从下到上都编入了交叉与镂空花样，
并在前门襟上钉上了2颗纽扣。

*使用线/钻石线DD
*编织方法/80页

14

Beautiful Colors

直编式五分袖
套头衫

这是使用带有秋意的
柔美配色花式毛线，
编织的套头衫。
在菱形花样的中心加入了金钱花，
呈现出了美丽的浮雕花样。

＊使用线/钻石线CA
＊编织方法/82页

作品　黄绿色、蓝色系（703）

A　紫色、橙色系（702）

B　红色、蓝色系（705）

Arrange Knit of Patterns

编织花样的变化

在设计编织作品时，要一边想象着在现实中会在什么样的场合中穿着，一边选择线材、颜色、编织花样，通过多次的试织，才能发现设计中不合理的地方，才能确定最终的设计。下面将从基本花样开始，尝试改变线材、颜色或加入新的花样。如果这些能够成为大家在编织独创毛衣时的参考，我将非常开心。

交叉花样 Crossing

15 基础款
*使用线/
钻石线 DTM(216)

16 变化款
*使用线/
钻石线 DT(728)

树叶花样 Leaf

17 基础款
*使用线/
钻石线 DTL(621)

18 变化款
*使用线/
钻石线 MD(705)

扭针花样 Twist Stitch

19 基础款
*使用线/
钻石线 DT(704)

20 变化款
*使用线/
钻石线 DTW(911)

交叉花样 Crossing

将排列在中心的大型花样加以变化

15 基础款

16 变化款

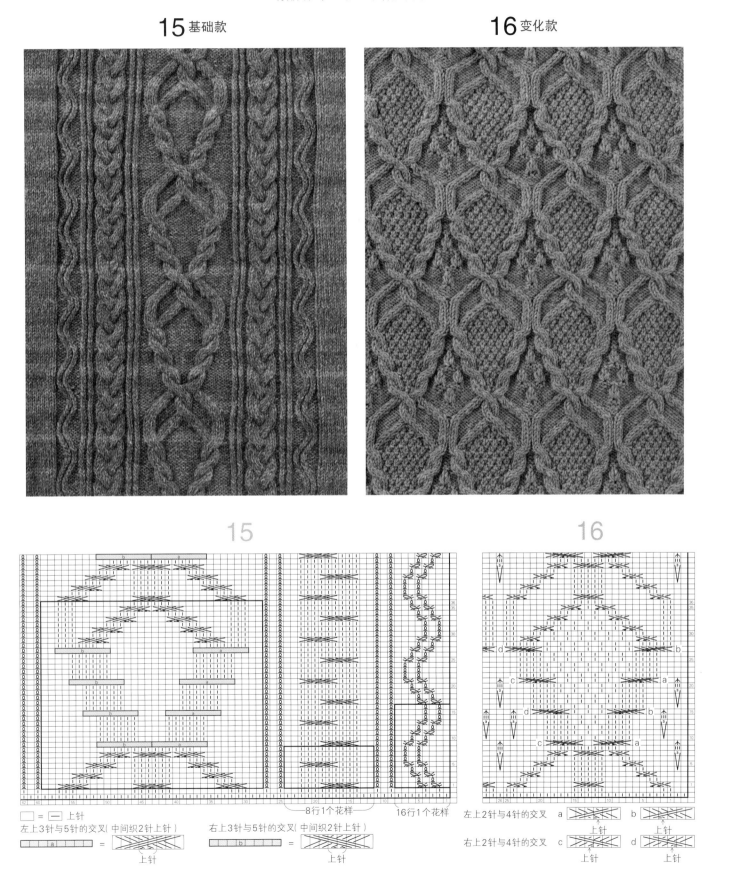

15

16

8行1个花样

16行1个花样

□ = | 上针

左上3针与5针的交叉（中间织2针上针）

a =

右上3针与5针的交叉（中间织2针上针）

b =

上针

左上2针与4针的交叉 a

b

上针

右上2针与4针的交叉 c

d

上针

树叶花样 Leaf

将树叶之间的花样加以变化

17基础款

18变化款

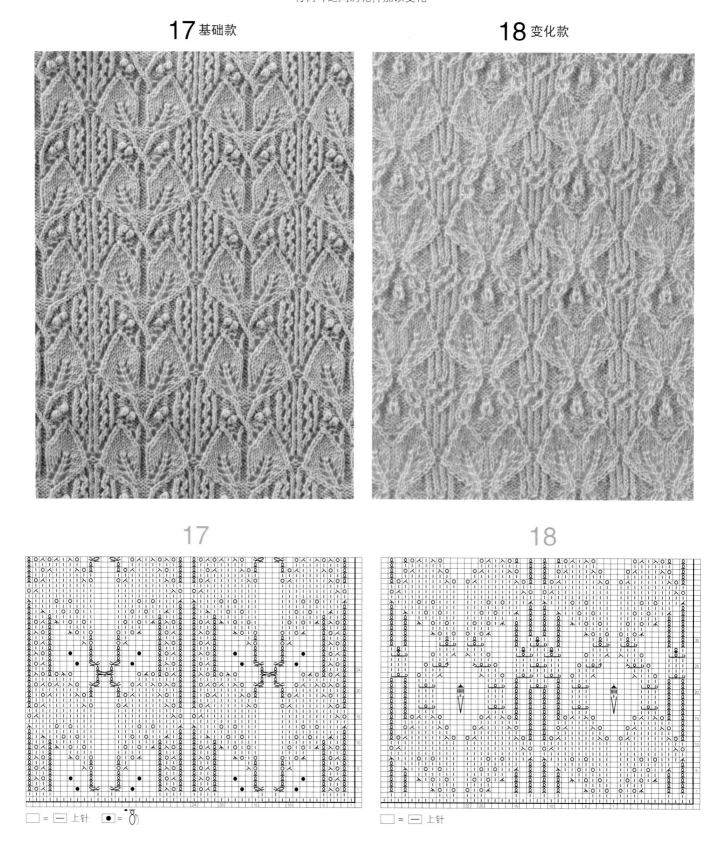

扭针花样 Twist Stitch

将六边形及扭针的线条加以变化

19 基础款

20 变化款

□ = ─ 上针 12行1个花样

□ = ─ 上针

12行1个花样　　4行1个花样

交叉花样的法式背心

暖色调的自然色彩组合
的平直毛线，
编织了这款柔软的背心。
排列在中心位置的
交叉花样格外引人注目。

＊使用线/钻石线DTM
＊编织方法/75页

16 *Arrange Knit of Patterns*

交叉花样的套头衫

在身片上排了 4 列大型的交叉花样，
呈现出了优美的立体感，
这件阿兰风的套头衫，
使用的是基础款的平直毛线。
下摆的开衩和衣领的开口，
都是设计的亮点。

＊使用线/钻石线DT
＊编织方法/84页

Arrange Knit of Patterns

17

Arrange Knit of Patterns

树叶花样的短上衣

使用加入了金银丝线的
顺滑的平直毛线，
编织出了这款优雅的短上衣。
树叶花样中加入的小球球
是钩针编织而成的。

＊使用线/钻石线DTL
＊编织方法/87页

树叶花样的
七分袖套头衫

使用色彩柔和的长毛绒线，
编织出了这款柔软的树叶花样的套头衫。
在下摆和袖口加入了饰边，
显得更有女人味了。

＊使用线/钻石线MD
＊编织方法/101页

扭针花样的套头衫

这款排列了 2 种扭针花样的套头衫，
选用的是V领的设计。
下摆、袖口、衣领等位置，
也都精心地编织了扭针花样。
快来编织一件，
像这样永不过时的毛衣吧！
＊使用线/钻石线DT
＊编织方法/91页

扭针花样的开衫

略带有苏格兰毛呢线感觉的
平直毛线，编织成了
这款穿着舒适的Y领开衫。
排列了3种扭针花样，
将其中1种花样加以变化，
作为下摆、袖口、衣领边缘编织。

＊使用线/钻石线DTW
＊编织方法/96页

本书用线一览

	钻石线（缩写）	成分	颜色数	规格	线长	粗细	使用棒针的号数（钩针的号数）	下针编织标准密度	特点
1	OP	羊毛38% 马海毛27% 羊驼毛5% 锦纶30%	8	30g/团	约96m	中粗	7～8号 （6/0～7/0号）	18～20针 25～27行	具有光泽的多彩渐变色十分美丽，属于长毛绒花式毛线。
2	DB	羊毛72% 安哥拉山羊毛5% 腈纶15% 锦纶5% 涤纶3%	8	30g/团	约108m	中粗	6～7号 （5/0～6/0号）	20～22针 30～32行	在自然的感觉里，又包含着若隐若现的金银丝线，是一款与众不同的柔软的苏格兰呢线。
3	PS	羊毛70% 马海毛5%（KID MOHAIR） 腈纶14% 锦纶10% 涤纶1%	8	30g/团	约102m	中粗	6～7号 （5/0～6/0号）	19～21针 28～30行	在长循环中加入了彩色棉结的苏格兰毛呢花式毛线。
4	DD	羊毛50% 马海毛21%（KID MOHAIR） 锦纶29%	19	40g/团	约112m	中粗	6～7号 （5/0～6/0号）	20～22针 25～27行	15种颜色的毛线混纺而成的美丽的渐变色，柔软的马海毛来的轻微的起毛感又添一分温暖。
5	DDN	羊毛58% 马海毛15%（KID MOHAIR） 锦纶27%	14	40g/团	约108m	中粗	6～8号 （6/0～7/0号）	19～21针 25～27行	松软温暖的基础款单色花式毛线。简约中透着独特风格的长毛线。
6	CA	羊毛62% 腈纶38%	10	30g/团	约105m	中粗	5～6号 （5/0～6/0号）	21～23针 29～31行	色泽优美且复杂的渐变色，拥有舒适手感的花式毛线。
7	CP	羊毛90% 马海毛10%（KID MOHAIR）	10	30g/团	约87m	中粗	6～7号 （5/0～6/0号）	21～22针 28～30行	使用了两种段染方法的渐变色粗纱毛线，具有丰富的表现力。
8	MP	马海毛30%（KID MOHAIR） 羊驼毛10%（BABY ALPACA） 腈纶60%	12	30g/团	约88m	极粗	9～10号 （7/0～8/0号）	15～17针 21～23行	马海毛和羊驼毛混纺在一起，是光滑而又柔软的长毛绒线。
9	DT	羊毛100%（TASMANIAN MERINO）	30	40g/团	约120m	中粗	5～6号 （4/0～5/0号）	22～23针 30～32行	100%使用高级羊毛塔斯马尼亚美丽诺羊毛，编织效果非常漂亮。
10	DTF	羊毛100%（TASMANIAN MERINO）	14	35g/团	约178m	中细	（3/0～4/0号）	33～34针 48～50行	即使是使用纤细的钩针编织，也可以编织出柔软的感觉的细纱毛线。
11	DTL	羊毛97%（TASMANIAN MERINO） 涤纶3%	14	40g/团	约124m	中粗	5～6号 （5/0～6/0号）	22～24针 31～33行	在高级羊毛塔斯马尼诺羊毛中捻入金银丝线，非常华丽的平直毛线。
12	DTW	羊毛100%（TASMANIAN MERINO）	10	40g/团	约120m	中粗	5～6号 （4/0～5/0号）	22～23针 30～32行	钻石线塔斯马尼亚美丽诺羊毛中加入少量的异色，带有粗花呢的感觉。
13	DTM	羊毛100%（TASMANIAN MERINO）	13	40g/团	约142m	中粗	5～6号 （4/0～5/0号）	22～24针 30～32行	自然的渐变色，便于编织的平直毛线。
14	MD	马海毛40%（KID MOHAIR） 羊驼毛10%（BABY ALPACA） 腈纶50%	16	40g/团	约160m	中粗	6～7号 （5/0～6/0号）	19～21针 25～27行	马海毛中混入羊驼毛，手感柔软的毛线。
15	AP	羊驼毛40%（BABY ALPACA） 羊毛60%	14	40g/团	约100m	中粗	6～8号 （6/0～7/0号）	21～22针 28～30行	40%使用羊驼毛，手感光滑的标准平直毛线。
16	EXC	羊绒50% 羊毛50%（TASMANIAN MERINO）	10	30g/团	约112m	粗	4～5号 （4/0～5/0号）	24～26针 35～37行	这款拥有一流手感的平直毛线，是由羊绒与塔斯马尼亚美丽诺羊毛混合在一起制成的。

★线的粗细是比较概括的表示，下针编织标准密度是制线厂家提供的数据。
★有关线的问题，请咨询钻石毛线株式会社。

1
作品

White Lacy

作品的编织方法

● **材料** 钻石线MP（极粗）白色（501）340g/12团

● **工具** 棒针9号、7号、6号、5号

● **成品尺寸** 胸围94cm、肩宽35cm、衣长58cm、袖长55cm

● **编织密度** 10cm×10cm面积内：编织花样A 25针，26行；上针编织20针，26行

● **编织方法和顺序** ①身片、衣袖分别另线锁针起针。参照图1~图4，袖隆、领窝、袖山编织伏针和侧边1针立针减针，袖下在第1针内侧编织扭针加针。②下摆、袖口分别解开另线锁针起针，挑取针目，按编织花样B编织，编织终点做扭针的单罗纹针收针。③肩部做盖针接合，胁部、袖下使用毛线缝针挑针缝合。④衣领处挑取针目，按编织花样B'一边调整编织密度一边环形编织，编织终点做环形扭针的单罗纹针收针。⑤使用钩针将衣袖引拔缝合到身片上。

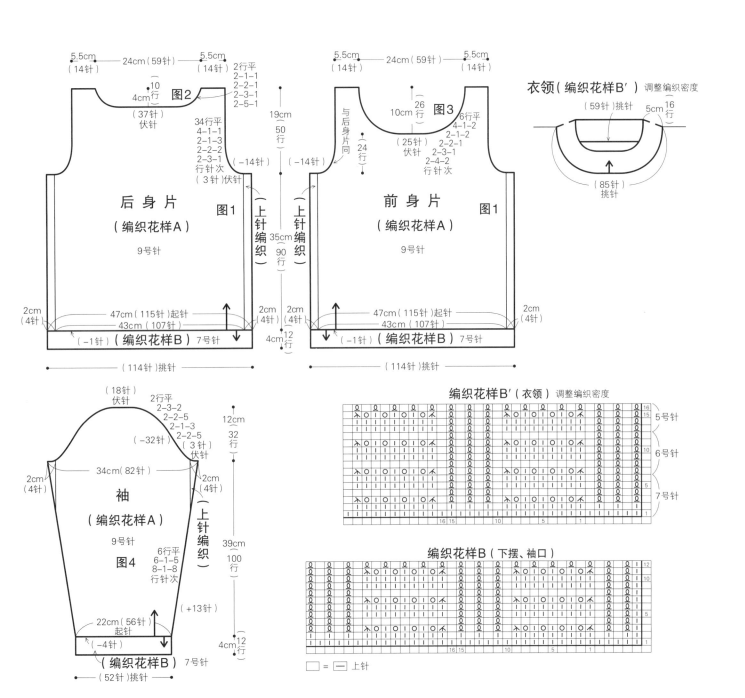

编织花样B'（衣领）调整编织密度

编织花样B（下摆、袖口）

□ = 一 上针

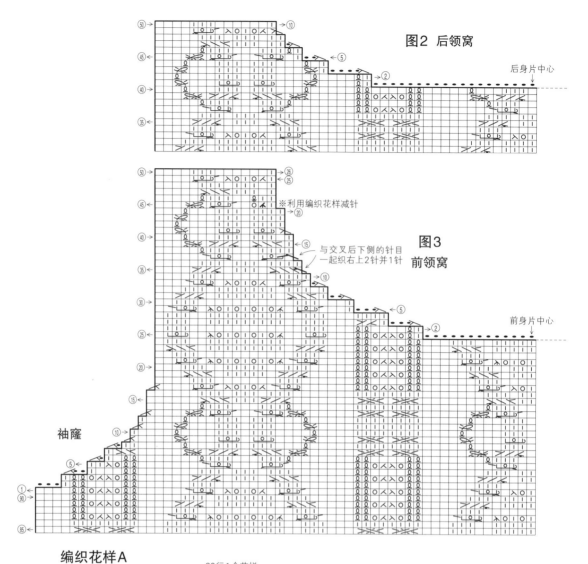

图2 后领窝

后身片中心

※利用编织花样减针

与交叉后下侧的针目
一起织右上2针并1针

图3
前领窝

前身片中心

袖窿

编织花样A

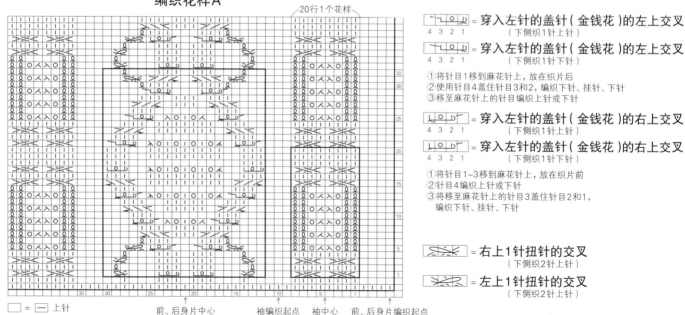

20行1个花样

前、后身片中心　　袖编织起点　袖中心　前、后身片编织起点

□ = — 上针

⊢⊣□□⊣ = 穿入左针的盖针（金钱花）的左上交叉
4 3 2 1　（下侧织1针上针）

⊢⊣□□⊣ = 穿入左针的盖针（金钱花）的左上交叉
4 3 2 1　（下侧织1针下针）

①将针目1移到麻花针上，放在织片后
②使用针目4盖住针目3和2，编织下针、挂针、下针
③移至麻花针上的针目编织上针或下针

⊢□□⊣⊢ = 穿入左针的盖针（金钱花）的右上交叉
4 3 2 1　（下侧织1针上针）

⊢□□⊣⊢ = 穿入左针的盖针（金钱花）的右上交叉
4 3 2 1　（下侧织1针下针）

①将针目1~3移到麻花针上，放在织片前
②针目4编织上针或下针
③将移至麻花针上的针目3盖住针目2和1，
　编织下针、挂针、下针

⟋⟍ = 右上1针扭针的交叉
　（下侧织2针上针）

⟋⟍ = 左上1针扭针的交叉
　（下侧织2针上针）

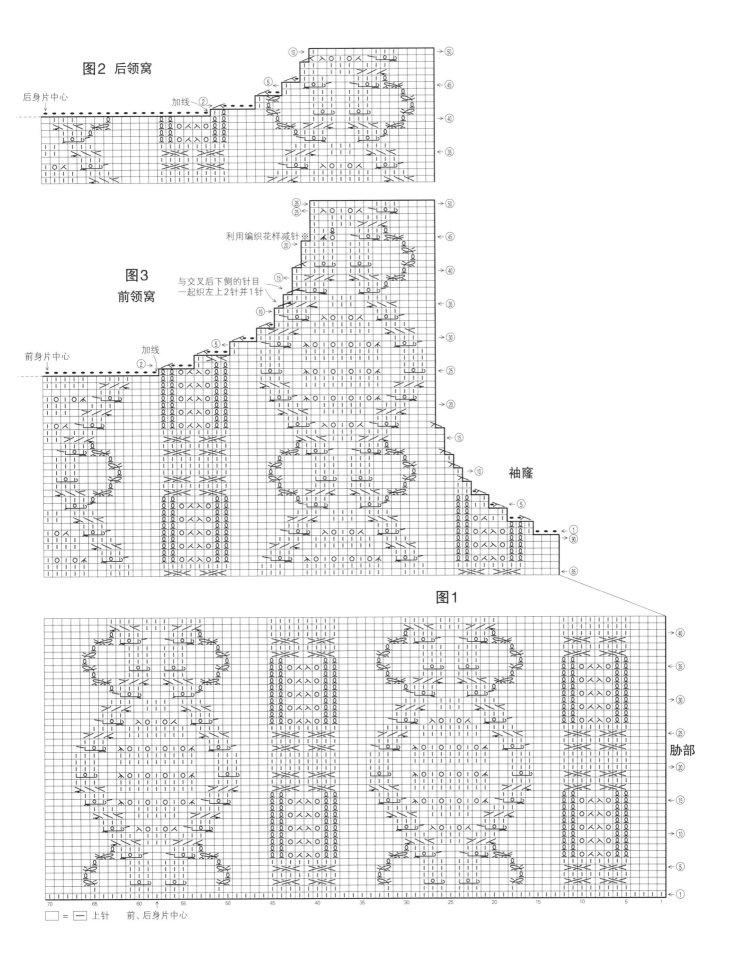

图2 后领窝

后身片中心

加线 ②

图3
前领窝

前身片中心

加线 ②

利用编织花样减针※

与交叉后下侧的针目
一起织左上2针并1针

袖窿

图1

胁部

□ = │─│ 上针　前、后身片中心

图4

袖中心

袖山
※利用编织花样减针

袖下
※利用编织花样加针

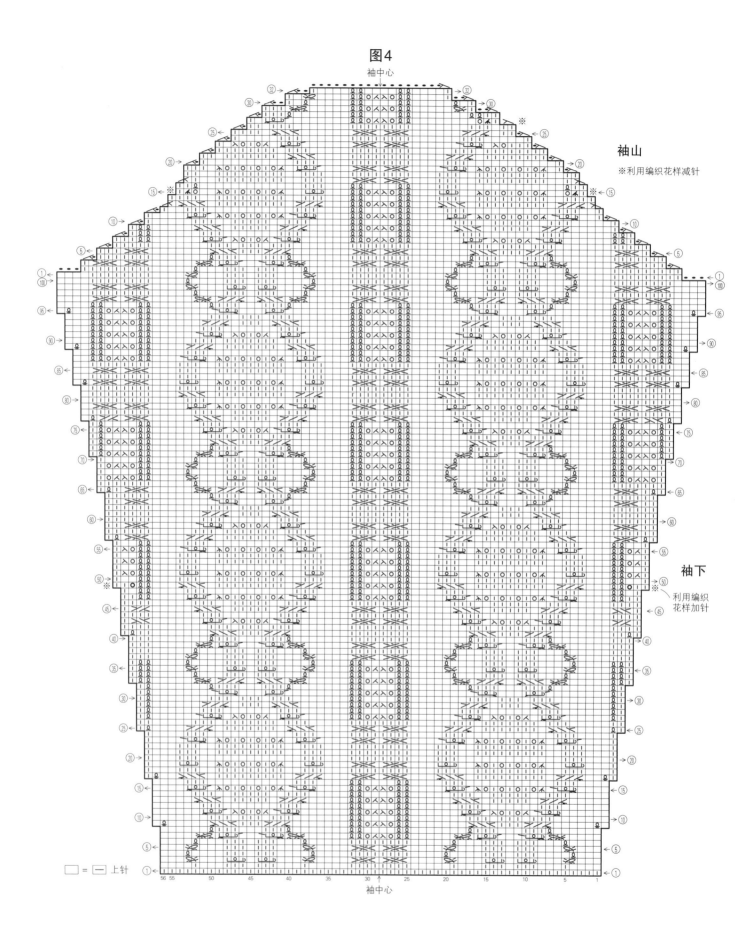

□ = — 上针

56 55   50   45   40   35   30   25   20   15   10   5   1

袖中心

3
作品

White Lady

●**材料** 钻石线EXC（粗）白色（801）240g/8团

●**工具** 棒针5号、4号、3号，钩针2/0号

●**成品尺寸** 胸围95cm、肩宽34cm、衣长54cm、袖长23.5cm

●**编织密度** 10cm×10cm面积内：编织花样A 30针、36行

●**编织方法和顺序** ①身片、衣袖分别另线锁针起针，按编织花样A编织，在腰部的位置，减小针的号数，以调整编织密度。参照

图1～图3，袖窿、领窝、袖山编织伏针和侧边1针立针减针，袖下在第1针内侧编织扭针加针。②下摆、袖口分别解开另线锁针起针，挑取针目，编织起伏针，编织终点做上针的伏针收针。③肩部做盖针接合，胁部、袖下使用毛线缝针挑针缝合。④衣领处挑取针目，按编织花样B环形编织，编织终点做环形扭针的单罗纹针收针。⑤使用钩针将衣袖引拔缝合到身片上。

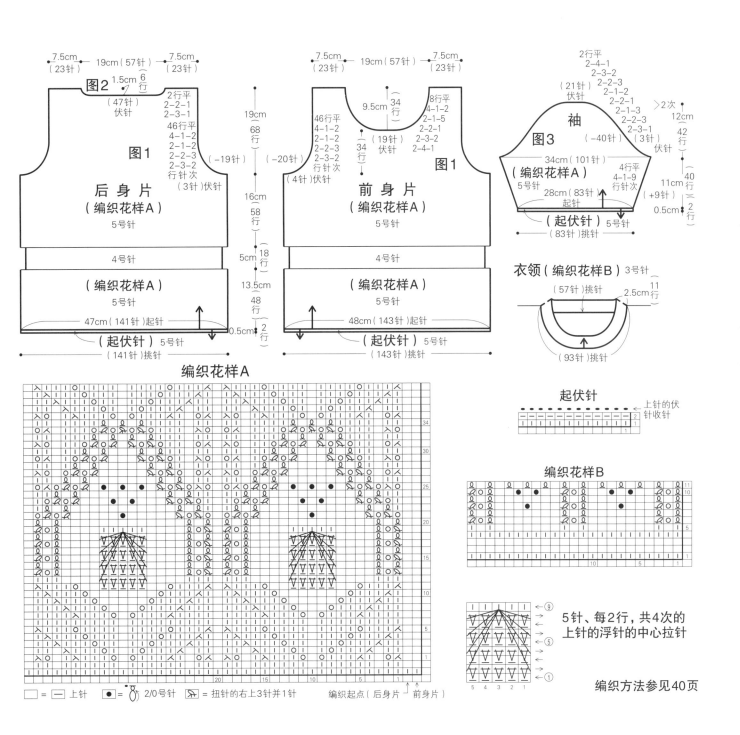

图2 1.5cm（6行）
7.5cm（23针） 19cm（57针） 7.5cm（23针）
（47针）伏针
2行平
2-2-1
2-3-1
46行平
4-1-2
2-1-2
2-2-3
2-3-2
2行针次
（3针）伏针
（-19针）

图1
后身片（编织花样A）5号针
4号针
（编织花样A）5号针
47cm（141针）起针
（起伏针）5号针
（141针）挑针

19cm（68行）
16cm（58行）
5cm 18行
13.5cm 48行
0.5cm 2行

7.5cm（23针） 19cm（57针） 7.5cm（23针）
9.5cm 34行
（19针）伏针
8行平
4-1-2
2-1-5
2-2-1
2-3-2
2-4-1
34行
4行针次
（4针）伏针
（-20针）
2-3-2

图1
前身片（编织花样A）5号针
4号针
（编织花样A）5号针
48cm（143针）起针
（起伏针）5号针
（143针）挑针

2行平
2-4-1
2-3-2
2-2-3
2-2-1
2-1-1
2-1-3
2-3-1
>2次
（21针）伏针
12cm 42行
11cm 40行
（+9针）
0.5cm 2行
（-40针）（3针）伏针

袖
图3
34cm（101针）（编织花样A）5号针
28cm（83针）起针
（起伏针）5号针
4行平
4-1-9行针次
（83针）挑针

衣领（编织花样B）3号针
（57针）挑针
2.5cm 11行
（93针）挑针

编织花样A

起伏针
↑上针的伏针收针

编织花样B

5针、每2行，共4次的上针的浮针的中心拉针

□=|上针 ●=2/0号针 入=扭针的右上3针并1针
编织起点（后身片）（前身片）

编织方法参见40页

図2 后领窝

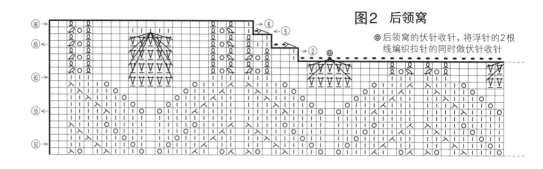

◎后领窝的伏针收针,将浮针的2根
线编织拉针的同时做伏针收针

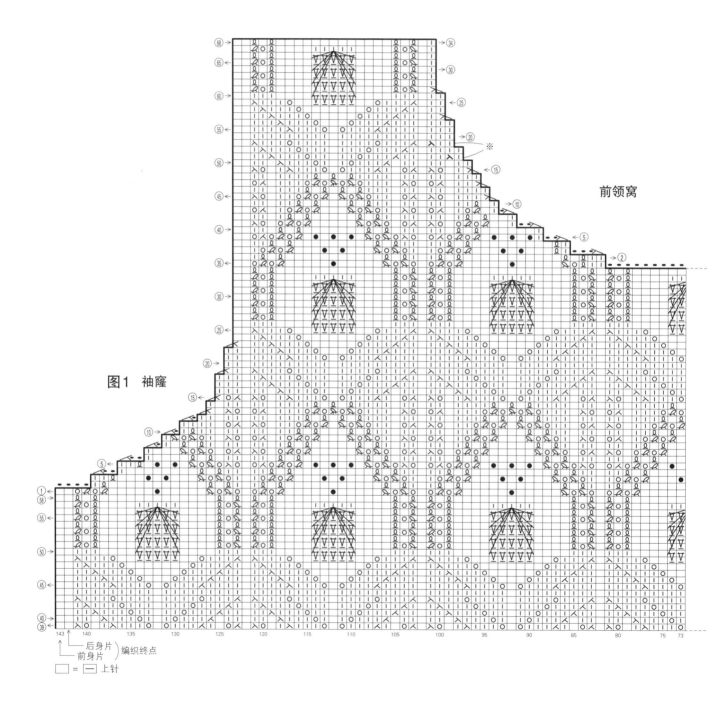

图1 袖窿

前领窝

※

后身片
前身片 } 编织终点

□ = □ 上针

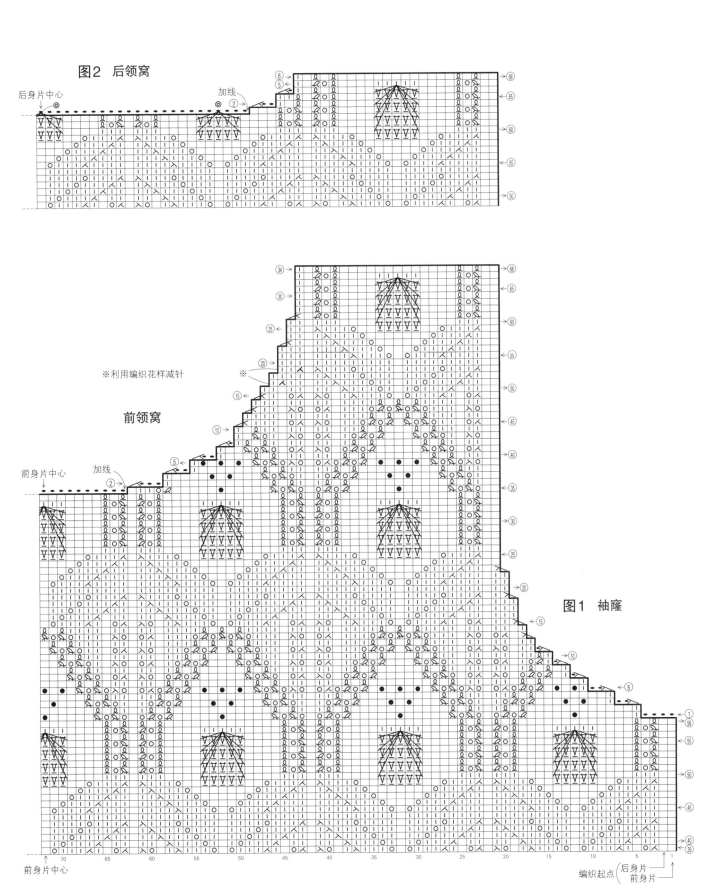

图2 后领窝

后身片中心

加线

前领窝

※利用编织花样减针

前身片中心

加线

图1 袖窿

编织起点 后身片 前身片

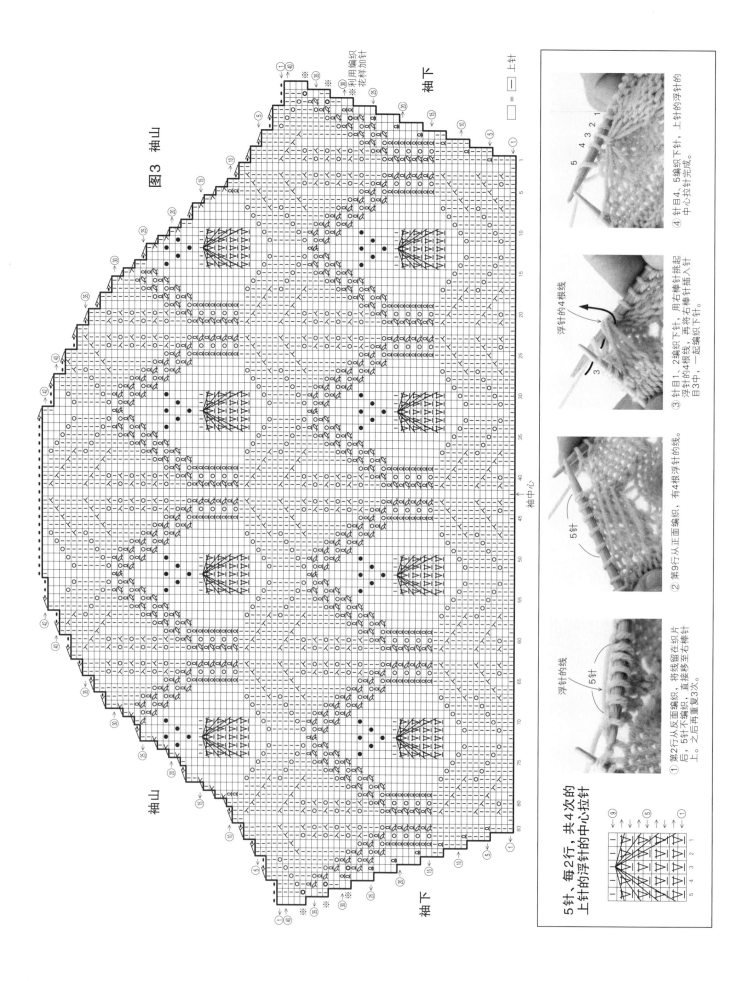

图3 袖山

袖山

袖下

袖中心

袖下

袖山

□ = □ 上针

※利用编织
花样加针

※用编织加针

5针、每2行、共4次的
上针的浮针的中心拉针

①第2行从反面编织，将线留在织片
后，5针不编织，直接移移至右棒针
上。之后再重复3次。

②第9行从正面编织，有4根浮针的线。

③针目1、2编织下针，用右棒针挑起
浮针的4根线，再将右棒针插入针
目3中，一起编织下针。

④针目4、5编织下针，上针的浮针的
中心拉针完成。

浮针的线

浮针的4根线

5针

5针

page6

5
作品

White Lady

● **材料** 钻石线DT(中粗)白色(701)410g/ 11团，直径1.5cm的纽扣 5 颗
● **工具** 棒针 5 号、4 号、3 号
● **成品尺寸** 胸围95.5cm、肩宽37cm、衣长59.5cm、袖长54.5cm
● **编织密度** 10cm×10cm面积内：编织花样A 27针，34行；编织花样B 24针，35行(5 号针)
● **编织方法和顺序** ①身片、衣袖分别另线锁针起针，按编织花样A、B编织。按编织花样B身片编织38行、衣袖编织30行后，换为编织花样A。参照图1~图3，袖窿、领窝、袖山编织伏针和侧边 1 针立针减针，袖下在第 1 针内侧编织扭针加针。②下摆、袖口分别解开另线锁针起针，挑取针目，编织起伏针，编织终点做上针的伏针收针。③肩部做盖针接合，胁部、袖下使用毛线缝针挑针缝合。④前门襟、衣领的编织花样C，在两端各编织 1 针卷针，挑针编织，在右前门襟上开扣眼。编织终点做扭针的单罗纹针收针，在左前门襟上缝上纽扣。⑤使用钩针将衣袖引拔缝合到身片上。

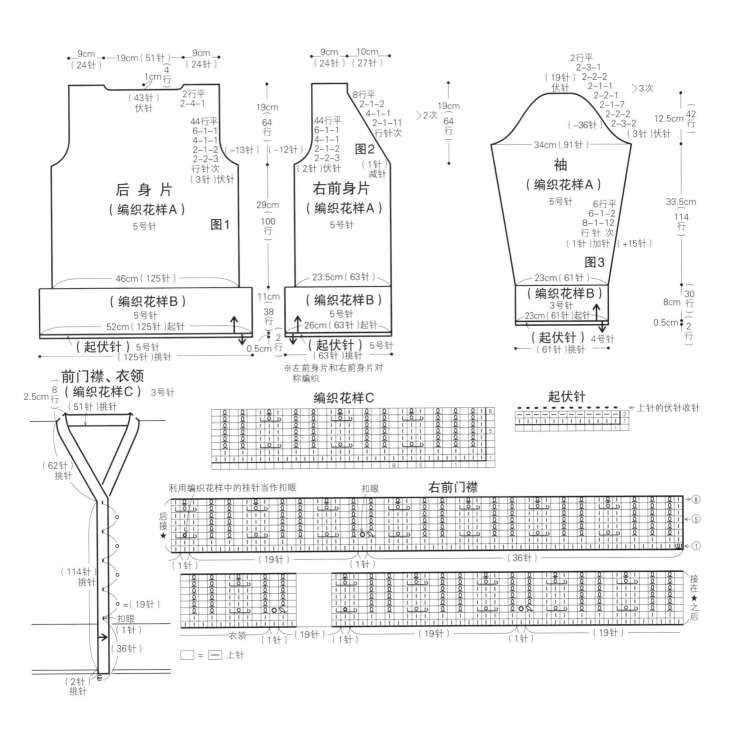

41

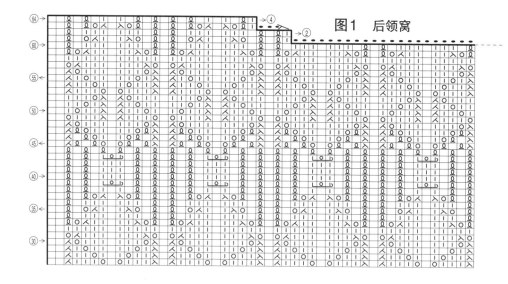

图1 后领窝

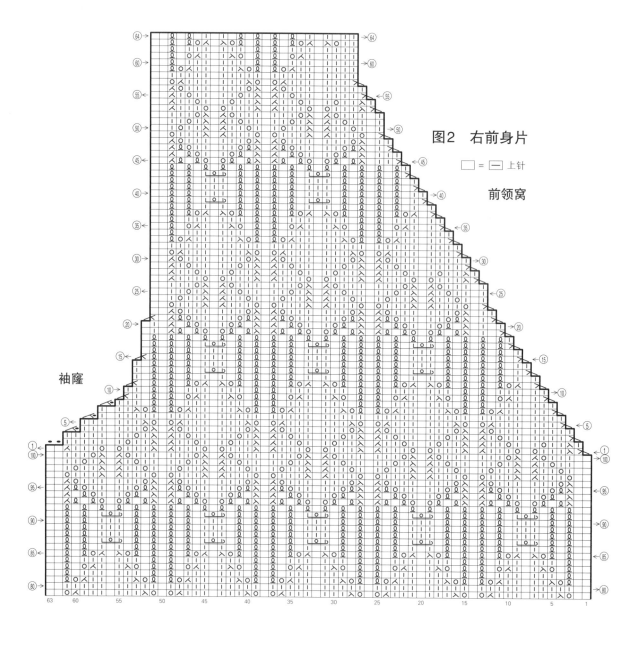

图2 右前身片

□ = ⊡ 上针

前领窝

袖窿

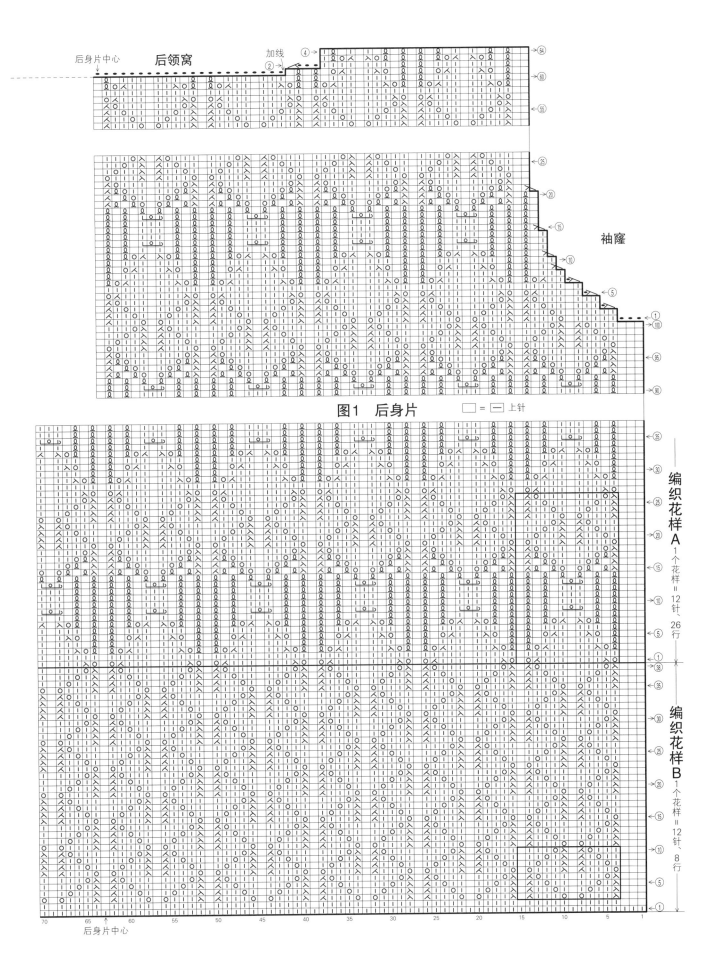

图1 后身片

后身片中心

后领窝

后身片中心

加线

袖窿

□ = ─ 上针

编织花样A
1个花样 = 12针、26行

编织花样B
1个花样 = 12针、8行

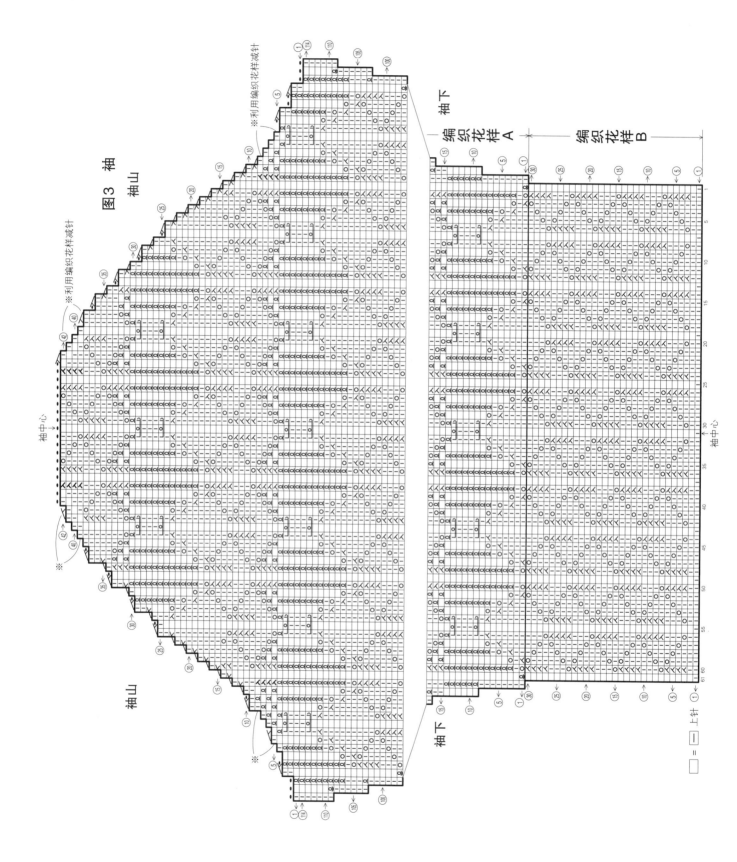

图3 袖

袖山

袖下

编织花样A

编织花样B

※利用编织花样减针

袖中心

□ = □ = ┃上

44

4
作品

White Lady

● **材料** 钻石线DT（中粗）白色（701）250g/7团
● **工具** 棒针5号、3号、2号
● **成品尺寸** 胸围92cm、肩宽37cm、衣长50.5cm
● **编织密度** 10cm×10cm面积内：编织花样A 27针、34行
● **编织方法和顺序** ①身片、衣袖分别另线锁针起针，按编织花样A编织。参照图1、图2，袖窿、领窝编织伏针和侧边1针立针

减针，前身片中心的针目休针。②下摆分别解开另线锁针起针，挑取针目，编织起伏针，编织终点做上针的伏针收针。③肩部做盖针接合，胁部、袖下使用毛线缝针挑针缝合。④衣领参照图3，挑取前身片中心的休针，接着编织花样继续编织，在编织的同时调整编织密度，编织终点做环形扭针的单罗纹针收针。⑤袖窿处挑取针目，按编织花样B环形编织，编织终点做环形的扭针的单罗纹针收针。

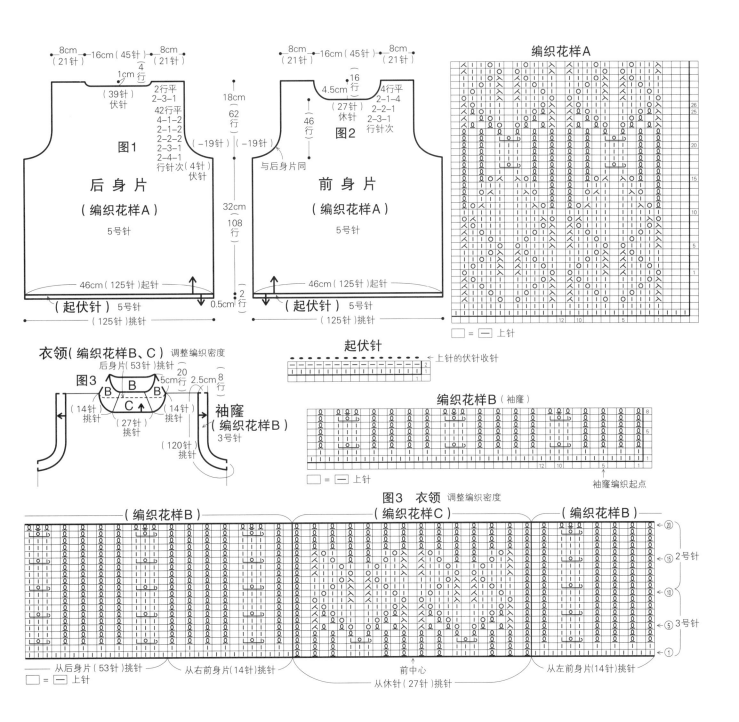

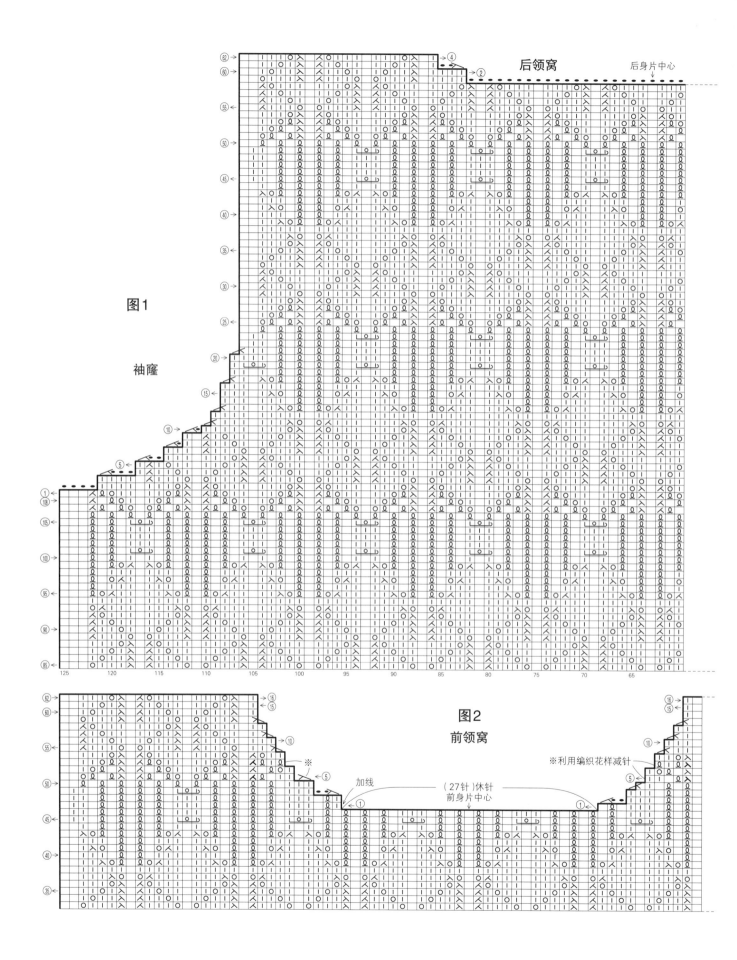

图1

袖窿

后领窝

后身片中心

图2

前领窝

※利用编织花样减针

加线

（27针）休针
前身片中心

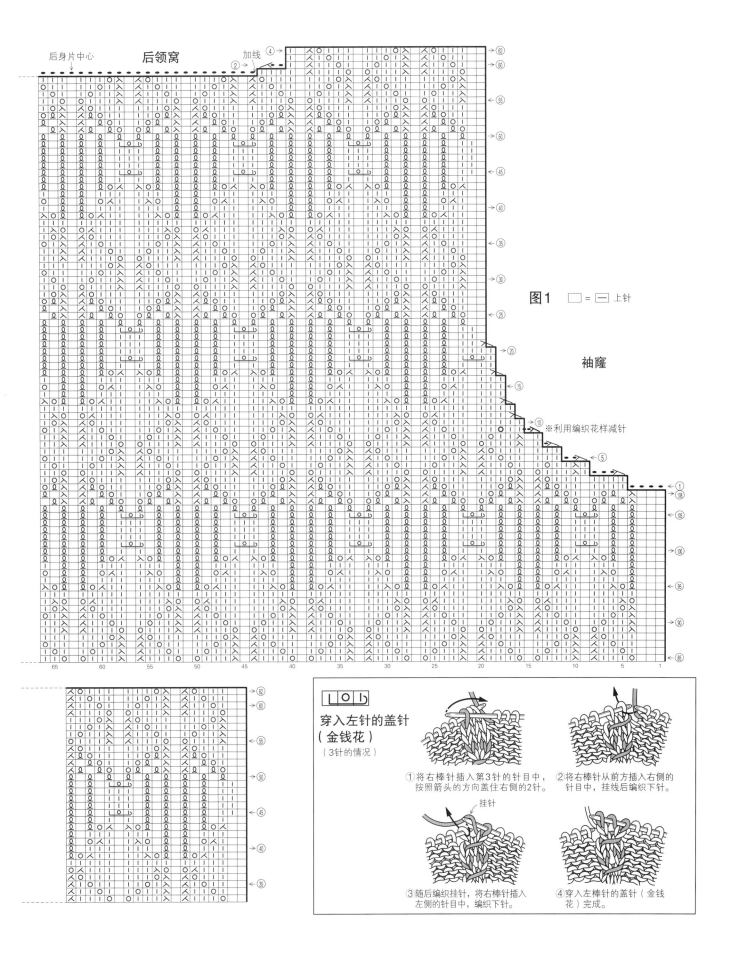

后身片中心　后领窝　　加线　④→　②→

图1　□ = │─│ 上针

袖窿

※利用编织花样减针

穿入左针的盖针（金钱花）
（3针的情况）

①将右棒针插入第3针的针目中，按照箭头的方向盖住右侧的2针。

②将右棒针从前方插入右侧的针目中，挂线后编织下针。

③随后编织挂针，将右棒针插入左侧的针目中，编织下针。

④穿入左针的盖针（金钱花）完成。

挂针

6
作品

White Lacy

● 材料　钻石线DTF(中细)白色(101) 340g/10团
● 工具　钩针3/0号、4/0号
● 成品尺寸　胸围94cm、肩宽35cm、衣长55cm、袖长55.5cm
● 编织密度　10cm×10cm面积内：编织花样A 35针(2.3个花样)、18行
● 编织方法和顺序　①身片，在腰部喇叭形下摆的交界处，锁针起针。参照图1~图3，钩织胁部、袖窿、领窝、斜肩。肩部做锁针

接合，胁部做锁针缝合。②钩织下摆，挑取起针针目，参照图4，前、后身片连在一起，环形钩织编织花样B，同时做分散加针并调整编织密度。③衣领处挑取针目，环形钩织编织花样C。④衣袖锁针起针，钩织编织花样A。参照图5，钩织袖下、袖山。袖下做锁针接合。⑤挑取袖口处锁针的起针，参照图6，环形钩织编织花样B'，同时做分散加针并调整编织密度。⑥使用钩针将衣袖锁针缝合到身片上。

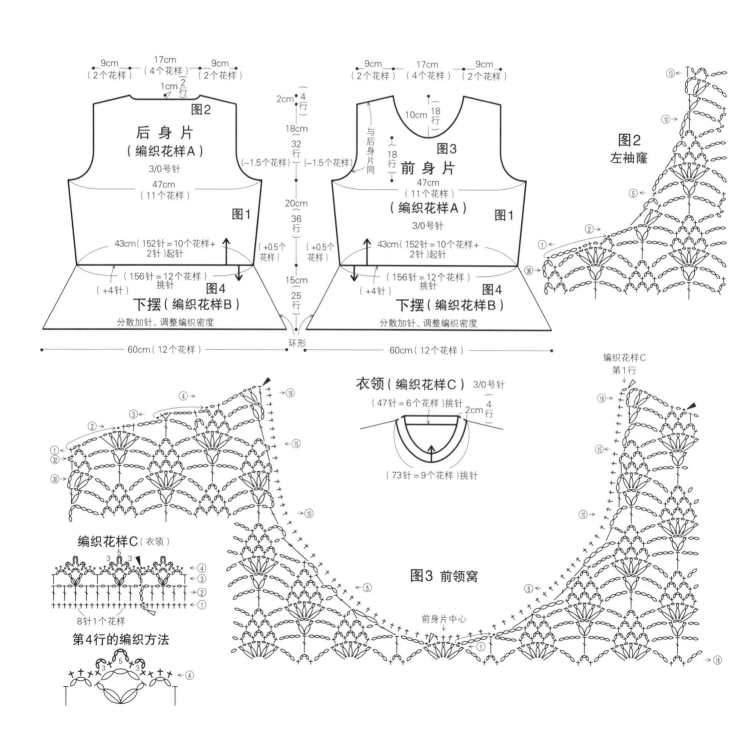

48

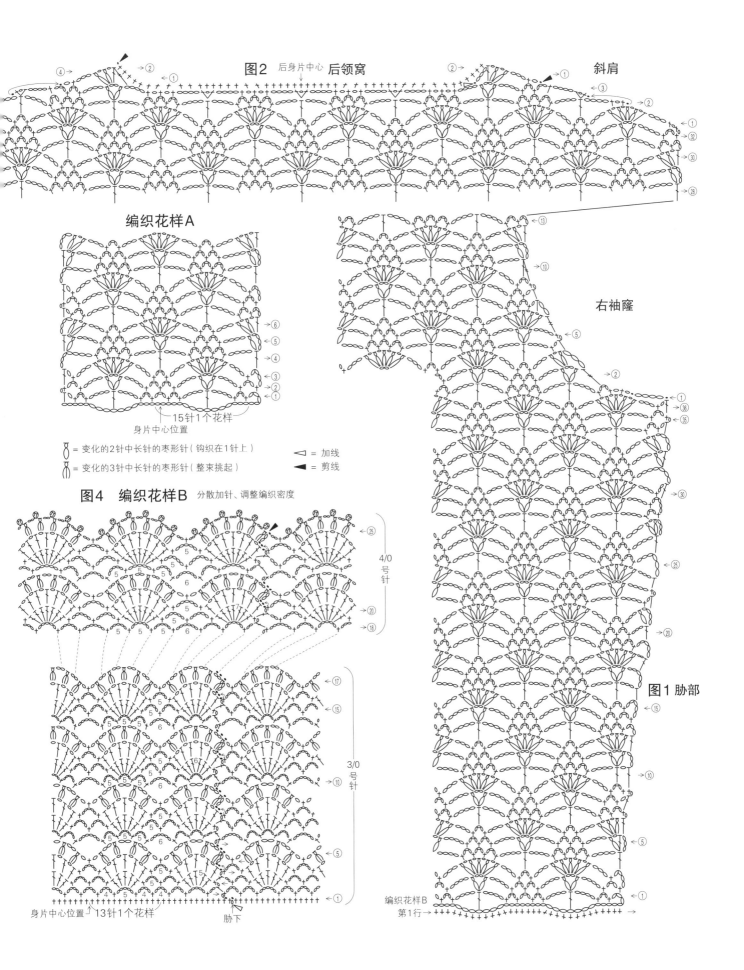

图2　后身片中心　后领窝　斜肩

编织花样A

15针1个花样

身片中心位置

= 变化的2针中长针的枣形针（钩织在1针上）

= 变化的3针中长针的枣形针（整束挑起）

= 加线

= 剪线

图4　编织花样B　分散加针、调整编织密度

4/0号针

3/0号针

身片中心位置　13针1个花样　胁下

右袖隆

图1　胁部

编织花样B
第1行→

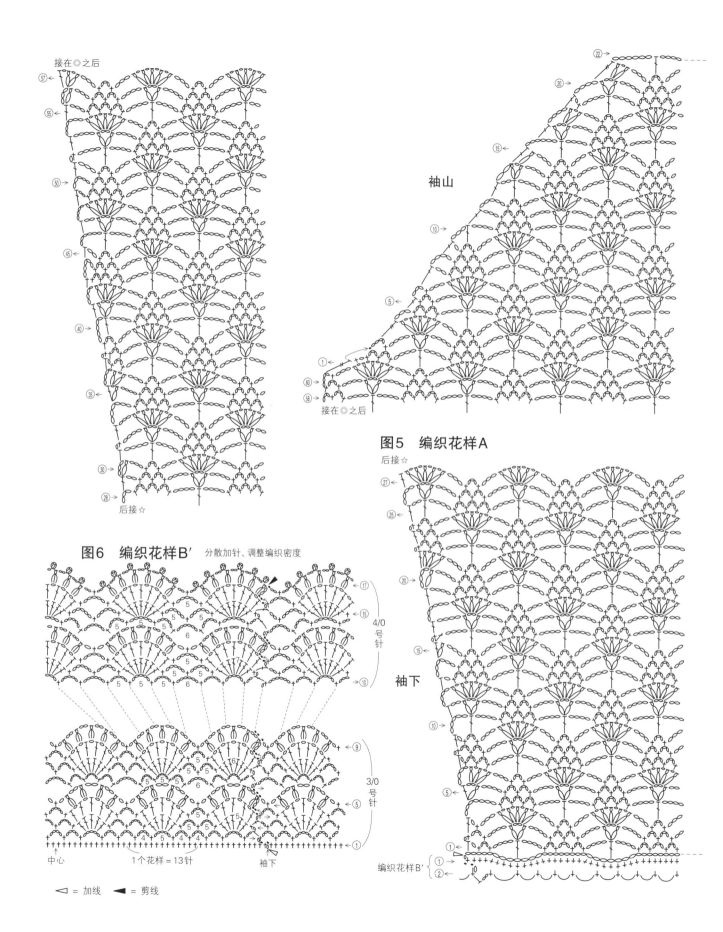

接在◎之后

57

55

50

45

40

35

30

28

后接☆

袖山

22

20

15

10

5

1

60

58

接在◎之后

图5 编织花样A

后接☆

27

25

20

15

10

5

1

袖下

编织花样B′

1

2

图6 编织花样B′ 分散加针、调整编织密度

17

15

10

4/0号针

9

5

1

3/0号针

中心 1个花样＝13针 袖下

◁ = 加线 ◀ = 剪线

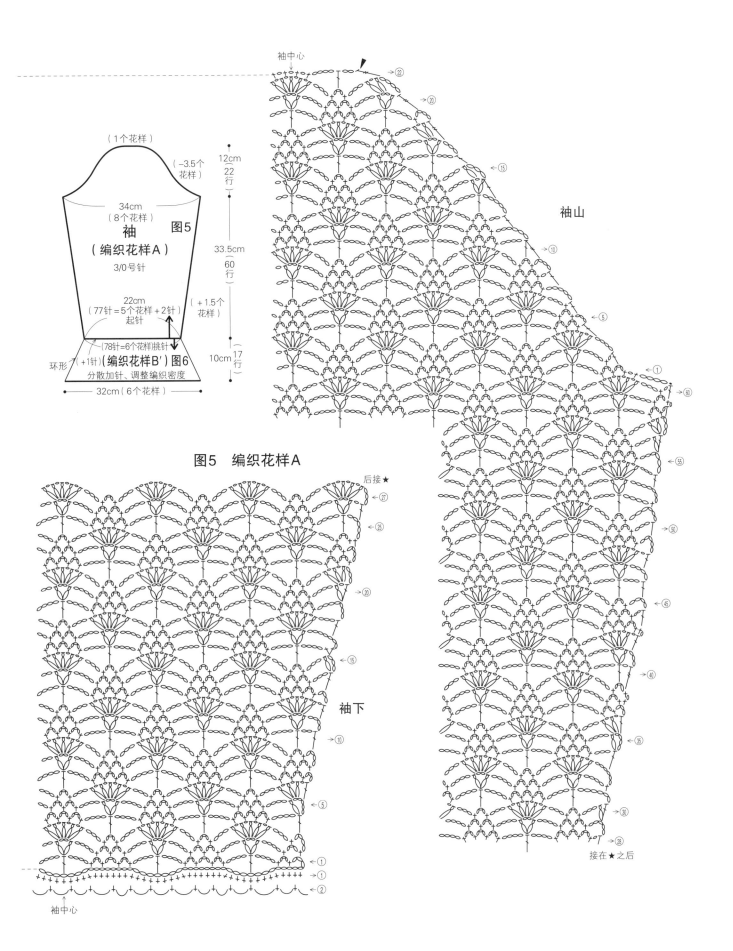

（1个花样）

（−3.5个花样）

12cm
（22行）

34cm
（8个花样）

图5

袖
（编织花样A）
3/0号针

33.5cm
（60行）

22cm
（77针＝5个花样＋2针）
起针

（＋1.5个花样）

（78针＝6个花样挑针）

环形 （＋1针）（编织花样B'）图6

10cm（17行）

分散加针、调整编织密度

32cm（6个花样）

袖山

图5　编织花样A

后接★

袖下

袖中心

接在★之后

51

2
作品

White Lady

● 材料　钻石线AP(中粗)原白色(401) 410g/11团
● 工具　棒针 7 号、5 号、4 号
● 成品尺寸　胸围 92cm、衣长 53cm、连肩袖长 73.5cm
● 编织密度　10cm×10cm面积内：编织花样A、A′、A″均为25针、32行；编织花样B 23针、31行
● 编织方法和顺序　①身片另线锁针起针，按编织花样A编织，在第41行减 8 针。接着按编织花样B编织，两侧各 6 针及中间的95针休针。②衣袖另线锁针起针，按编织花样A′编织42行，接着按编织花样B编织，袖下

在第 1 针内侧编织扭针加针。两侧各 6 针及中间的71针休针。③前、后育克从身片、衣袖均匀地加针，参照图1挑取针目，按编织花样A″一边做分散减针一边环形编织。④随后按编织花样C环形编织衣领，参照图1，在第 1 行减针。调整编织密度，编织终点做环形的扭针的单罗纹针收针。⑤下摆、袖口分别解开另线锁针起针，挑取针目，编织起伏针，编织终点做上针的伏针收针。⑥身片与衣袖的休针之间使用毛线缝针做行与行的缝合，胁部、袖下使用毛线缝针挑针缝合。

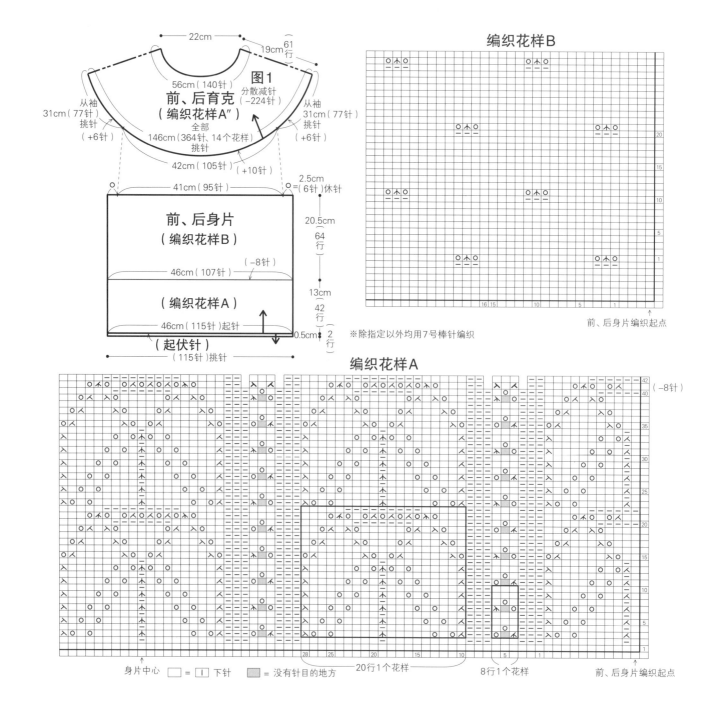

编织花样B

图1

前、后育克（编织花样A″）
22cm
19cm 61行
56cm（140针）
分散减针（-224针）
全部 146cm（364针、14个花样）挑针
从袖 31cm（77针）挑针（+6针）
42cm（105针）（+10针）

前、后身片（编织花样B）
41cm（95针）
2.5cm=（6针）休针
20.5cm 64行
46cm（107针）（-8针）
（编织花样A）
13cm 42行
46cm（115针）起针
（起伏针）
0.5cm（2行）
（115针）挑针

※除指定以外均用7号棒针编织

编织花样A

身片中心　□=|下针　■=没有针目的地方
20行1个花样　8行1个花样　前、后身片编织起点
前、后身片编织起点

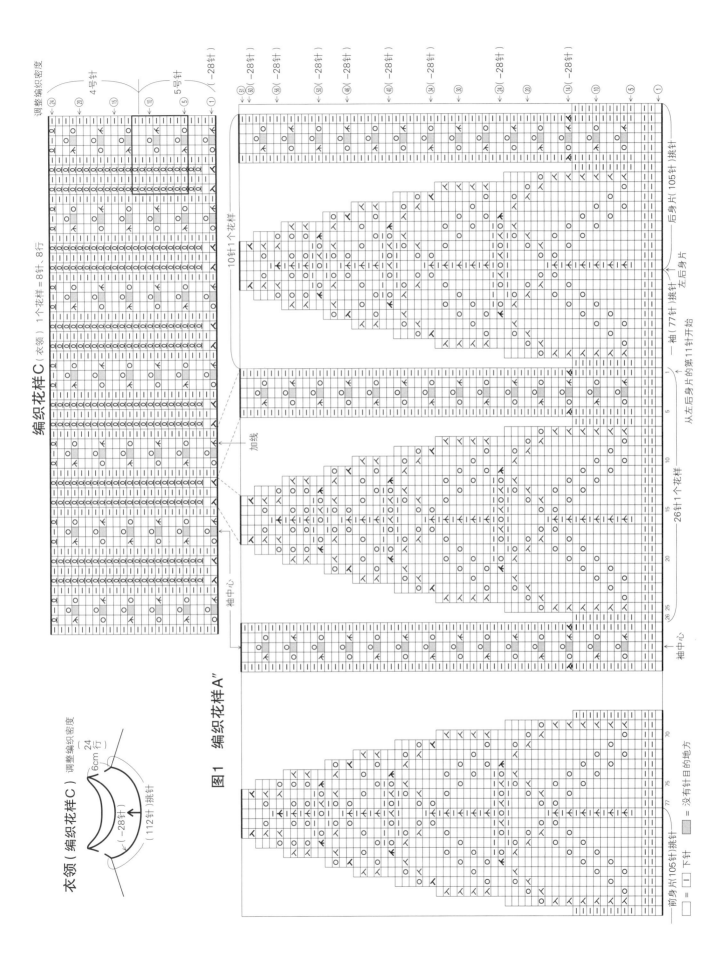

编织花样C（衣领）1个花样＝8针、8行

调整编织密度

图1 编织花样A"

衣领（编织花样C）

调整编织密度

后身片 105针）挑针

前身片（105针）挑针

□＝□ 下针　■＝没有针目的地方

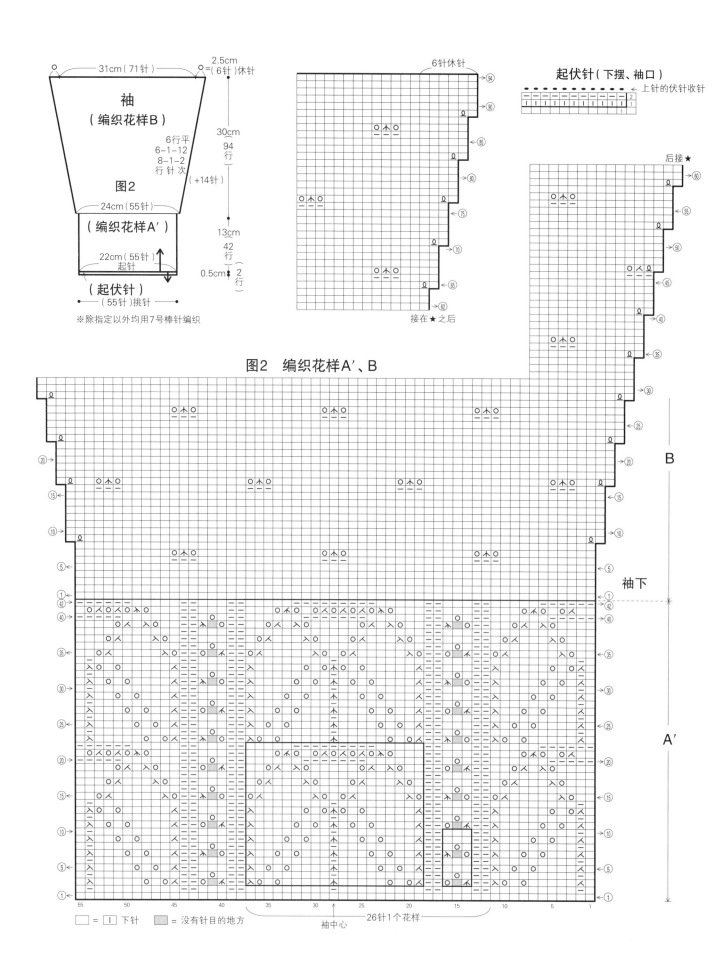

袖
（编织花样B）

31cm（71针）

2.5cm =（6针）休针

6行平
6-1-12
8-1-2
行 针 次

图2

（+14针）

24cm（55针）

（编织花样A'）

22cm（55针）
起针

（起伏针）

（55针）挑针

※除指定以外均用7号棒针编织

30cm
94
行

13cm
42
行

0.5cm 2行

6针休针

94
90
85
80
75
70
65
62

接在★之后

起伏针（下摆、袖口）
上针的伏针收针

后接★

90
55
50
45
40
35

图2　编织花样A'、B

B

袖下

A'

袖中心

26针1个花样

= 下针　　= 没有针目的地方

7
作品

Relief Pattern

● **材料** 钻石线PS（中粗）灰色（101）350g/12团
● **工具** 棒针7号、6号、5号、4号
● **成品尺寸** 胸围96cm、肩宽35cm、衣长65cm、袖长55.5cm
● **编织密度** 10cm×10cm面积内：编织花样A 27针、30行；编织花样B、B′均为23针、30行
● **编织方法和顺序** ①身片另线锁针起针，参照图1，组合编织编织花样A、B′，使用分散加减针的方法编织。参照图2~图4，袖窿、领窝编织伏针和侧边1针立针减针，斜肩做往返编织。②下摆解开另线锁针起针，挑取针目，编织双罗纹针，编织终点做环形的双罗纹针收针。③衣袖另线锁针起针，参照图5，组合编织编织花样A、B编织，袖下第1针内侧编织扭针加针，袖山编织伏针和侧边1针立针减针。④袖口解开另线锁针起针，挑取针目，按编织花样C编织，编织终点做双罗纹针收针。⑤肩部做盖针接合，胁部、袖下使用毛线缝针挑针缝合。⑥衣领处挑取针目，按编织花样C一边调整编织密度一边环形编织，编织终点做环形的双罗纹针收针。⑦使用钩针将衣袖引拔缝合到身片上。

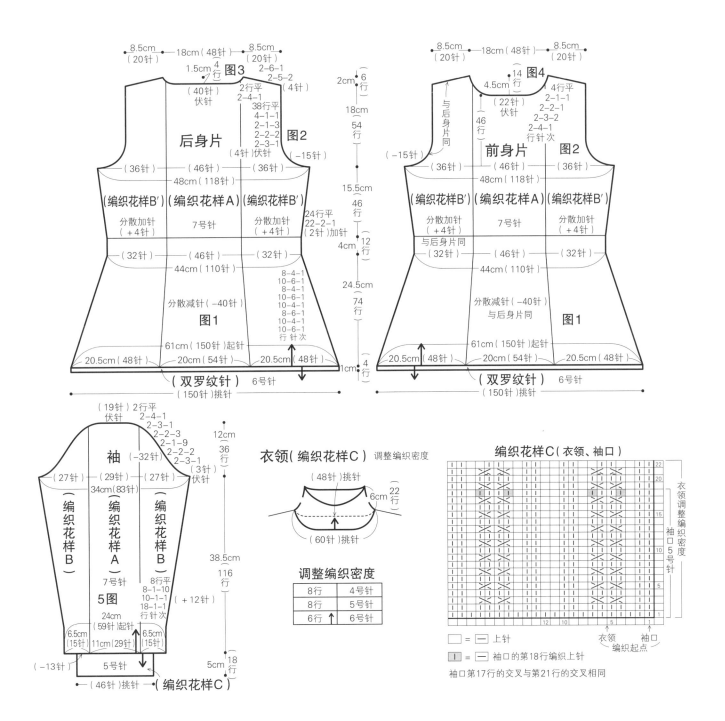

前、后身片　图1　编织花样A、B′　分散加减针

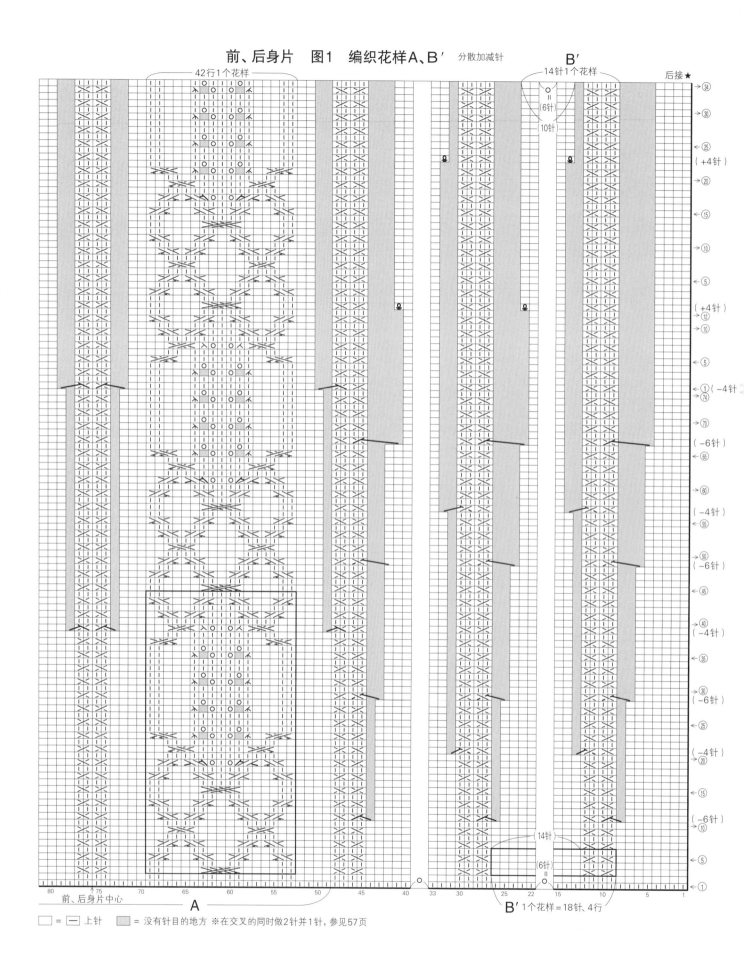

前、后身片中心

A

B′

B′ 1个花样=18针、4行

□ = ﹁ 上针　　▨ = 没有针目的地方　※在交叉的同时做2针并1针，参见57页

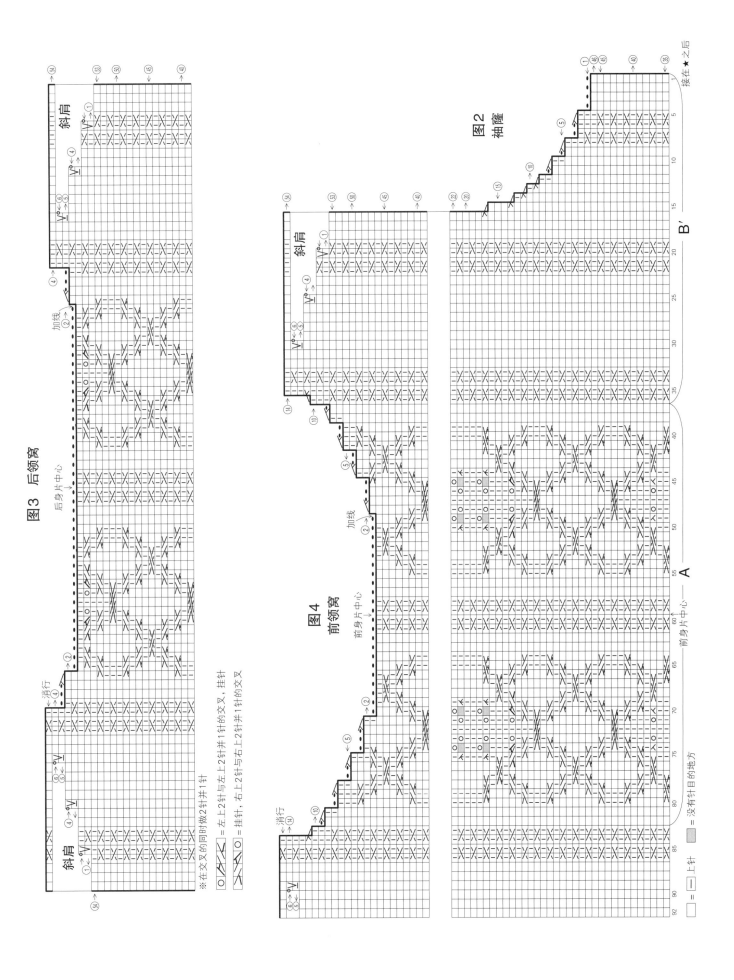

図3 后领窝

图2 袖窿

图4 前领窝

B'

A

接在★之后

※在交叉的同时做2针并1针

○⁄へ⁄へ = 左上2针与左上2针并1针的交叉,挂针

へ○⁄へ = 挂针,右上2针与右上2针并1针的交叉

 = 上针   = 没有针目的地方   = 沒有针目的地方

斜肩   消行   后身片中心   加线   前身片中心   前身片中心

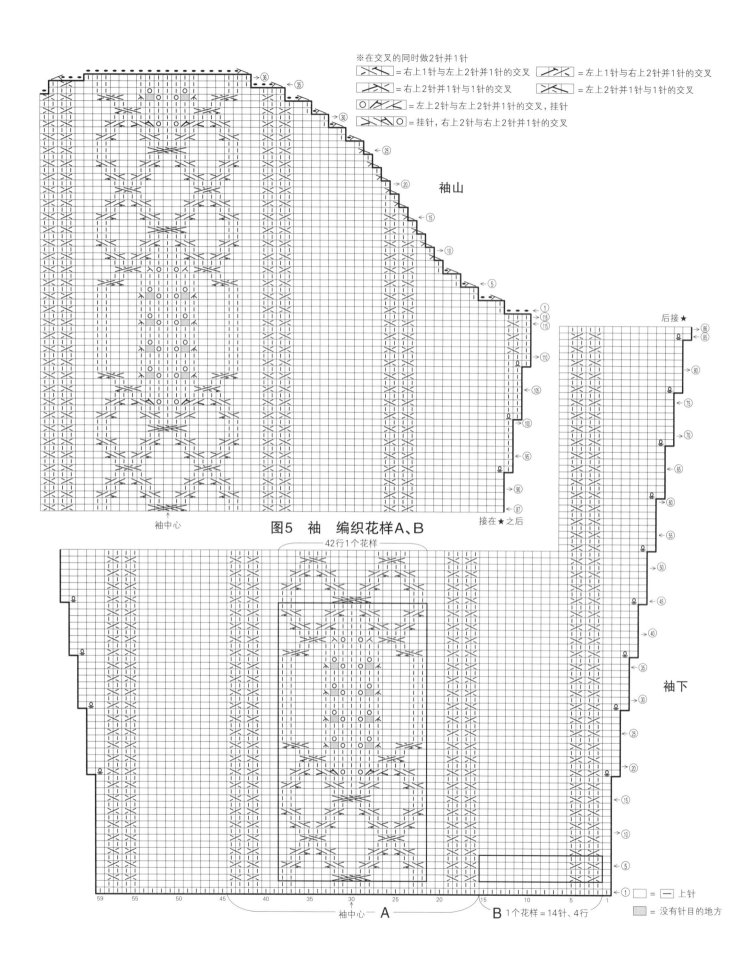

※在交叉的同时做2针并1针

⟋⟍ = 右上1针与左上2针并1针的交叉　⟋⟍ = 左上1针与右上2针并1针的交叉

⟋⟍ = 右上2针并1针与1针的交叉　⟋⟍ = 左上2针并1针与1针的交叉

O⟋⟍ = 左上2针与左上2针并1针的交叉，挂针

⟋⟍O = 挂针，右上2针与右上2针并1针的交叉

袖山

袖中心

图5　袖　编织花样A、B

42行1个花样

后接★

接在★之后

袖下

袖中心 — A

B 1个花样 = 14针、4行

□ = 上针
— = 上针
▨ = 没有针目的地方

58

8
作品

Relief Pattern

●**材料** 钻石线DB（中粗）原白色（501）200g/7团，黑灰色（508）160g/6团
●**工具** 棒针6号、5号
●**成品尺寸** 胸围94cm、肩宽33cm、衣长54cm、袖长55.5cm
●**编织密度** 10cm×10cm面积内：编织花样A 28针、32行；编织花样A′ 32针、32行；编织花样B、B′均为31针、32行
●**编织方法和顺序** 编织花样，使用指定颜色的线，按照纵向渡线的方法编织。①身片、衣袖分别用手指起针开始编织。参照图1~图4，组合编织编织花样A、A′、B、B′。袖窿、领窝、袖山编织伏针和侧边1针立针减针，袖下在第1针内侧编织扭针加针。②肩部做盖针接合，胁部、袖下使用毛线缝针挑针缝合。③下摆、袖口、衣领，用手指起针开始编织。下摆按编织花样C，袖口、衣领按编织花样D，分别编织指定的行数。将编织起点与编织终点反面相对，并对齐编织花样的针目，使用毛线缝针，做下针行与下针行的缝合、上针行与上针行的缝合，连接成环形。使用毛线缝针，采用针与行的缝合方法，分别连接到身片下摆、袖口、领窝上。④使用钩针将衣袖引拔缝合到身片上。

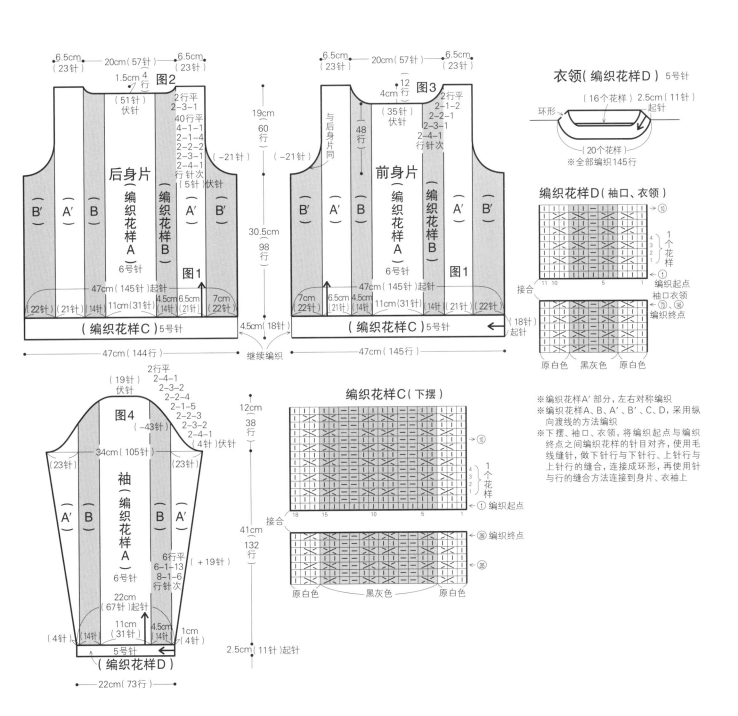

衣领（编织花样D）5号针
环形
（16个花样） 2.5cm（11针）起针
（20个花样）
※全部编织145行

编织花样D（袖口、衣领）
11 10　5　1
编织起点
袖口衣领
编织终点
原白色　黑灰色　原白色

图2
6.5cm（23针） 20cm（57针） 6.5cm（23针）
1.5cm（4行）
（51针）伏针
2行平
2-3-1
40行平
4-1-1
2-2-2
2-3-1 行针次
（-21针）
（5针）伏针
后身片（编织花样A）6号针
（编织花样B）
B′ A′ B A′ B′
图1
47cm（145针）起针
7cm（22针） 11cm（31针） 4.5cm（14针） 6.5cm（21针） 7cm（22针）
（编织花样C）5号针
47cm（144行）

继续编织

图3
6.5cm（23针） 20cm（57针） 6.5cm（23针）
4cm（12针）
（35针）伏针
2行平
2-1-2
2-2-1
2-3-1
2-4-1 行针次
48行 与后身片同
前身片（编织花样A）6号针
（编织花样B）
B′ A′ B A′ B′
图1
47cm（145针）起针
7cm（22针） 6.5cm（21针） 4.5cm（14针） 11cm（31针） 14针 21针 22针
（编织花样C）5号针
47cm（145行）
4.5cm（18针）起针

19cm 60行
30.5cm 98行
4.5cm（18针）

※编织花样A′部分，左右对称编织
※编织花样A、B、A′、B′、C、D，采用纵向渡线的方法编织
※下摆、袖口、衣领，将编织起点与编织终点之间编织花样的针目对齐，使用毛线缝针，做下针行与下针行、上针行与上针行的缝合，连接成环形，再使用针与行的缝合方法连接到身片、衣袖上

编织花样C（下摆）
18　15　10　5　1
编织起点
接合
编织终点
原白色　黑灰色　原白色

图4
2行平
2-4-1
2-3-2
2-2-4
2-1-5
2-2-3
2-3-2
2-4-1 行针次
（19针）伏针
（-43针）
34cm（105针）
（23针） （23针）
（4针）伏针
袖（编织花样A）6号针
A′ B B A′
6行平
6-1-13
8-1-6 行针次
（+19针）
22cm（67针）起针
11cm（31针） 4.5cm（14针） 1cm（4针）
（4针） 14针
5号针
（编织花样D）
22cm（73行）

12cm 38行
41cm 132行
2.5cm（11针）起针

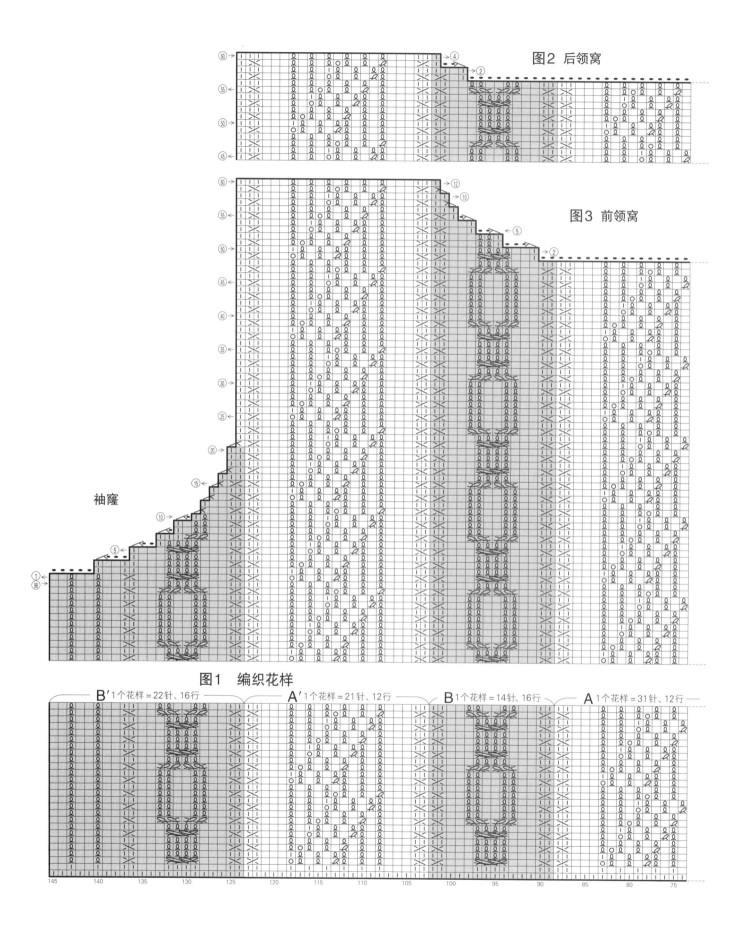

图2 后领窝

图3 前领窝

袖窿

图1 编织花样

B′1个花样＝22针、16行 ← A′1个花样＝21针、12行 → B1个花样＝14针、16行 A1个花样＝31针、12行

145　　140　　135　　130　　125　　120　　115　　110　　105　　100　　95　　90　　85　　80　　75

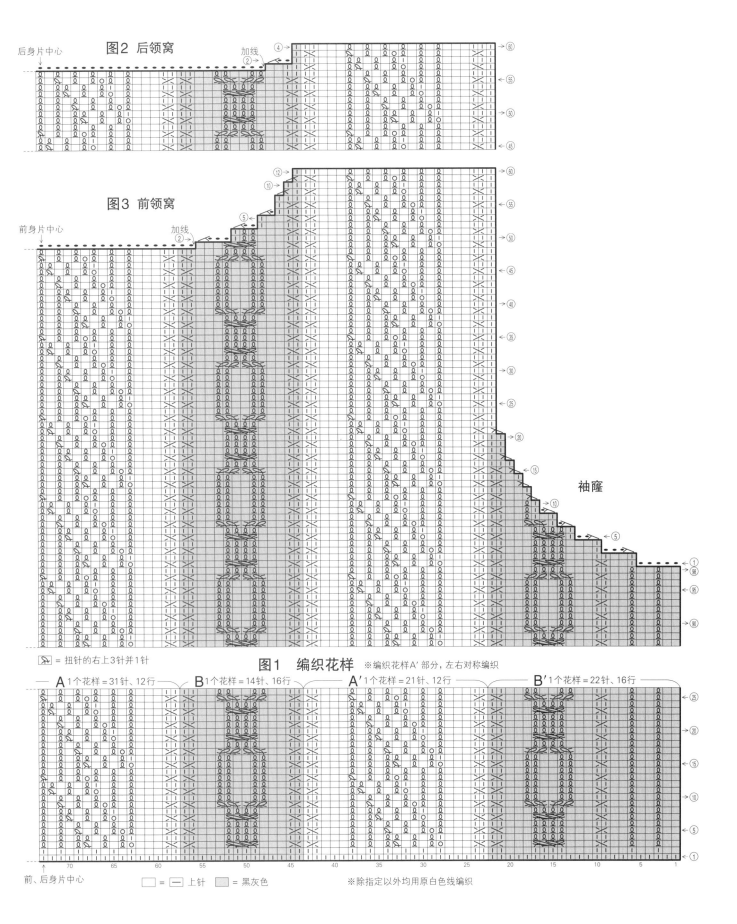

图2 后领窝

后身片中心

加线
②

图3 前领窝

前身片中心

加线
②

袖窿

= 扭针的右上3针并1针

图1 编织花样 ※编织花样A′部分，左右对称编织

A 1个花样＝31针、12行   B 1个花样＝14针、16行   A′1个花样＝21针、12行   B′1个花样＝22针、16行

前、后身片中心

□ = ─ 上针   ▨ = 黑灰色   ※除指定以外均用原白色线编织

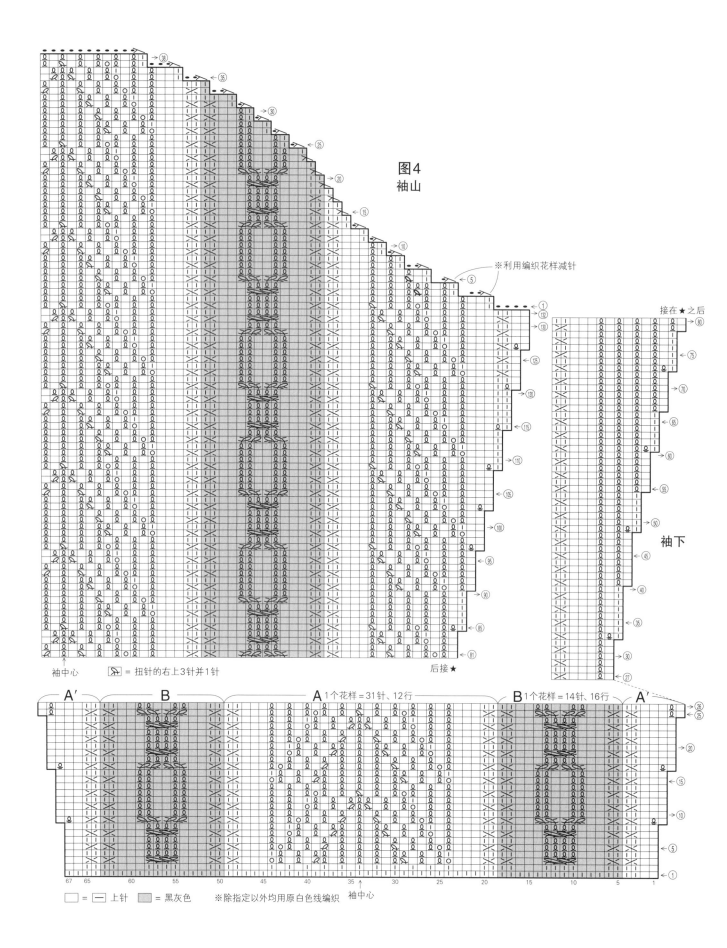

图4
袖山

※利用编织花样减针

袖下

接在★之后

※扭针的右上3针并1针 = 扭针的右上3针并1针

袖中心

后接★

A′ B A1个花样＝31针、12行 B1个花样＝14针、16行 A′

袖中心

□ = ⊢⊣ 上针 ▨ = 黑灰色 ※除指定以外均用原白色线编织

10
作品

Relief Pattern

●材料　钻石线DDN(中粗)偏粉的米色(515)490g/13团，直径2cm的纽扣6颗
●工具　棒针7号、6号、5号、4号
●成品尺寸　胸围101cm、肩宽35cm、衣长57cm、袖长55.5cm
●编织密度　10cm×10cm面积内：编织花样27.5针，27行；上针编织20针，27行
●编织方法和顺序　①身片、衣袖分别另线锁针起针开始编织。参照图1~图4，组合编织编织花样，衣袖从指定位置开始，在两侧编织上针编织。袖窿、领窝、袖山编织伏针和侧边1针立针减针，斜肩做往返编织。

袖下在第1针内侧编织扭针加针。②下摆、袖口的边缘编织A，分别解开另线锁针起针，挑针编织，编织终点做上针的伏针收针。③肩部做盖针接合，胁部、袖下使用毛线缝针挑针缝合。④衣领处挑取针目，一边调整编织密度一边编织边缘编织A，编织终点做上针的伏针收针。⑤前门襟挑取针目，编织边缘编织B，在右前门襟上开扣眼，编织终点做单罗纹针收针。在左前门襟上缝上纽扣。⑥使用钩针将衣袖引拔缝合到身片上。

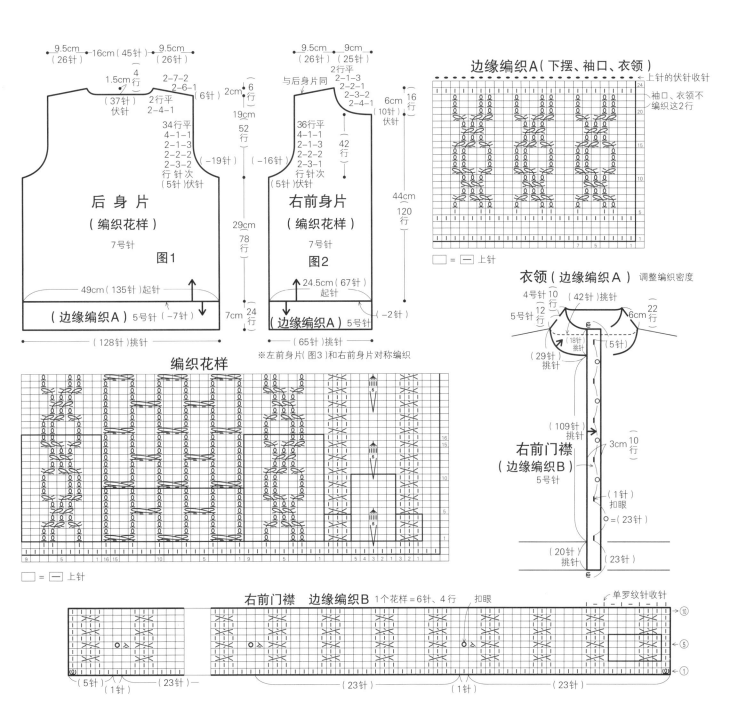

□ = ─ 上针

图3 左前身片

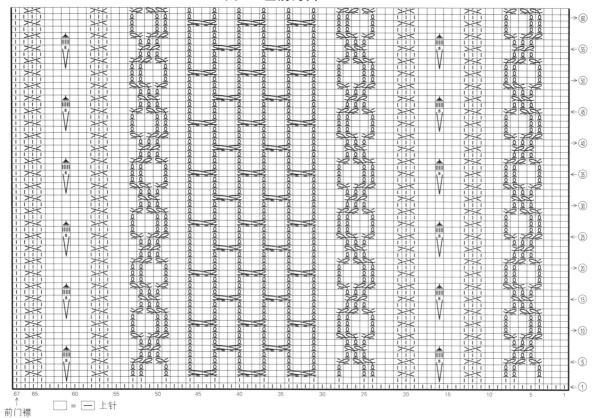

前门襟

□ = — 上针

图1 后身片

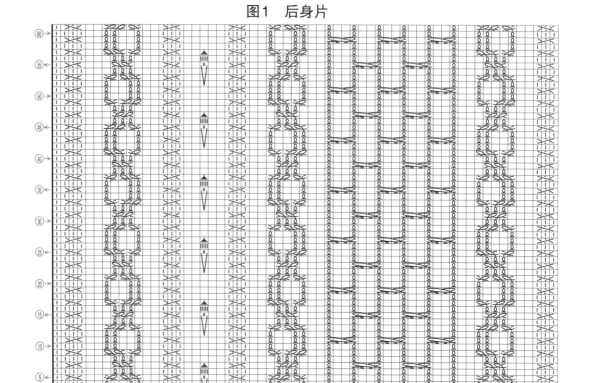

□ = — 上针

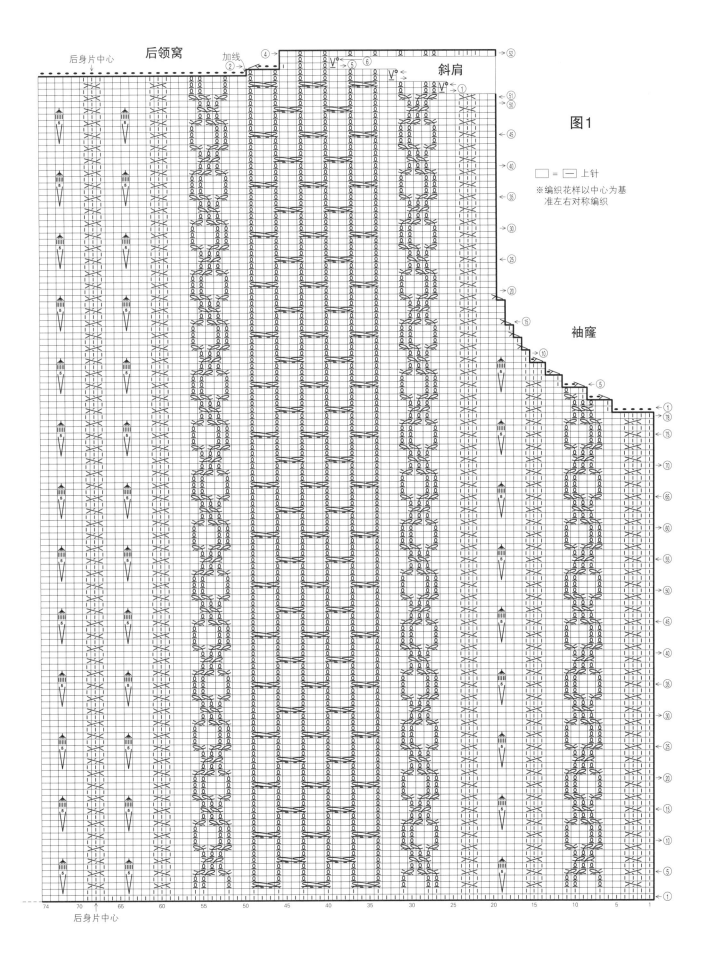

图1

□ = — 上针

※编织花样以中心为基准左右对称编织

后领窝

后身片中心

加线

斜肩

袖窿

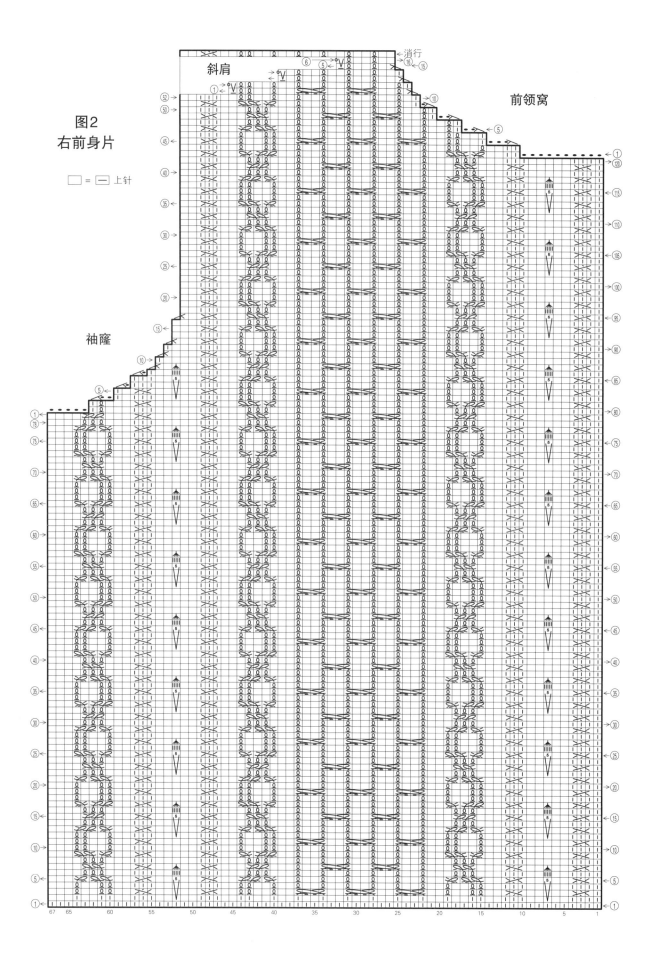

图2
右前身片

□ = □ 上针

斜肩

消行

前领窝

袖窿

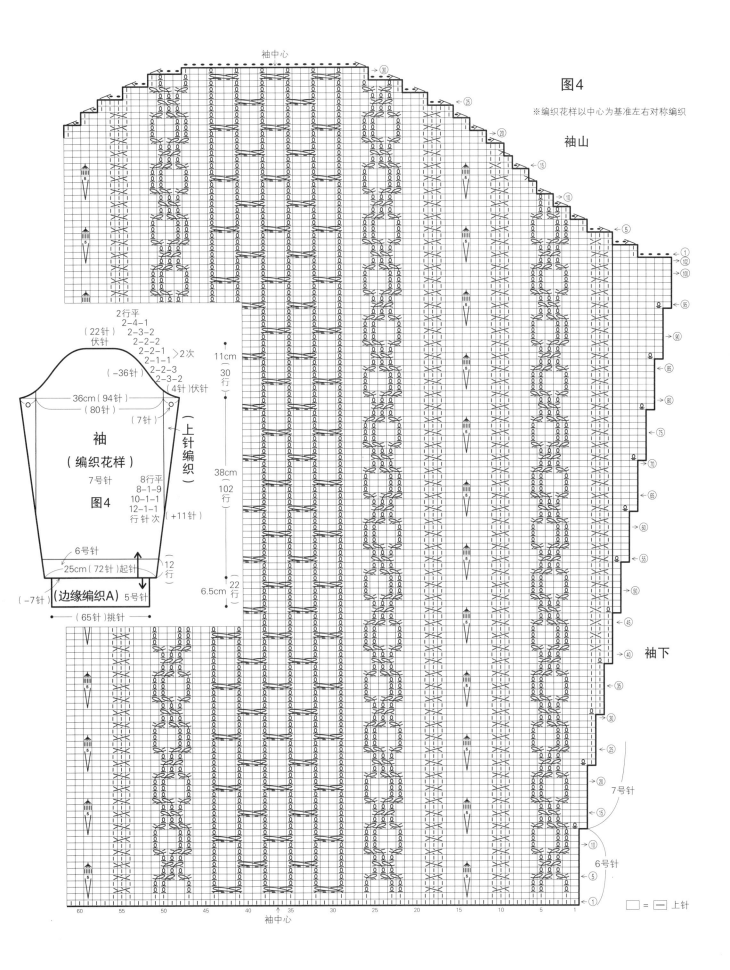

图4

※编织花样以中心为基准左右对称编织

袖山

2行平
2-4-1
（22针）　2-3-2
伏针　　2-2-2
2-2-1　　＞2次
2-1-1
（-36针）　2-2-3
2-3-2
（4针）伏针

36cm（94针）
（80针）
（7针）

上针编织

袖
（编织花样）

7号针

图4

8行平
8-1-9
10-1-1
12-1-1
行针次
（+11针）

6号针

25cm（72针）起针

（12行）

（边缘编织A）5号针

（-7针）

（65针）挑针

11cm
（30行）

38cm
（102行）

6.5cm（22行）

袖下

7号针

6号针

袖中心

□ = − 上针

67

9
作品

Relief Pattern

● 材料　钻石线DDN（中粗）深棕色（508）460g/12团，直径2.1cm的纽扣3颗
● 工具　棒针10号、8号，钩针5/0号
● 成品尺寸　胸围99cm、肩宽38cm、衣长66cm
● 编织密度　10cm×10cm面积内：编织花样A 28.5针、28行；编织花样B 23针、28行；下针编织19针、25行
● 编织方法和顺序　①身片另线锁针起针，参照图1、图2，袖窿、领窝编织伏针和侧边1针立针减针。在前身片左、右口袋的位置，编入另线备用，一直编织到肩线为止，在前端休25针。②下摆解开另线锁针起针，挑取针目，编织双罗纹针，编织终点做双罗纹针收针。③拆掉口袋位置的另线，向上、下两端分别编织袋口与口袋内面。④肩部做盖针接合，胁部使用毛线缝针挑针缝合。⑤风帽，参照图3，在后身片中心，通过加针、减针的方法编织，编织终点做盖针接合。⑥前门襟、袖窿，挑针编织，在右前门襟上开扣眼，编织终点做双罗纹针收针。在左前门襟上缝上纽扣。

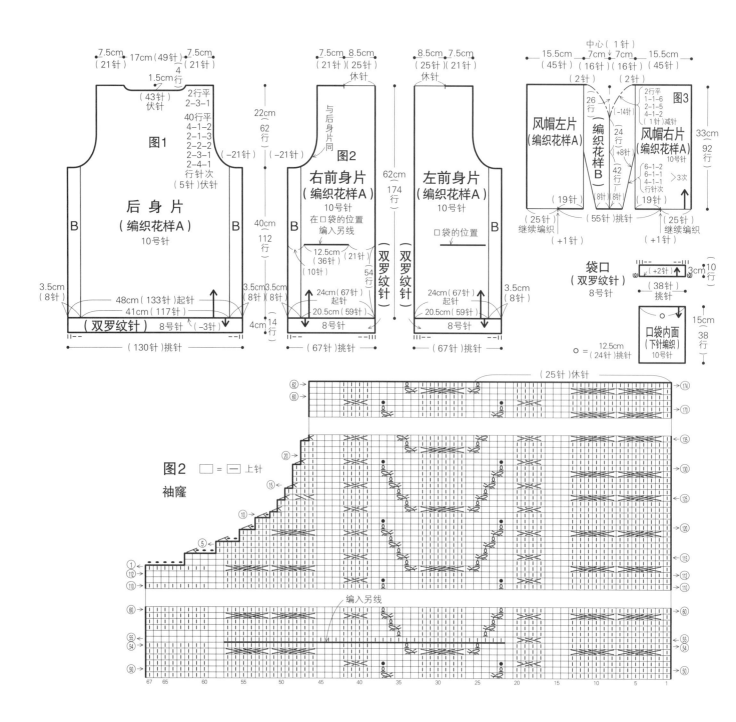

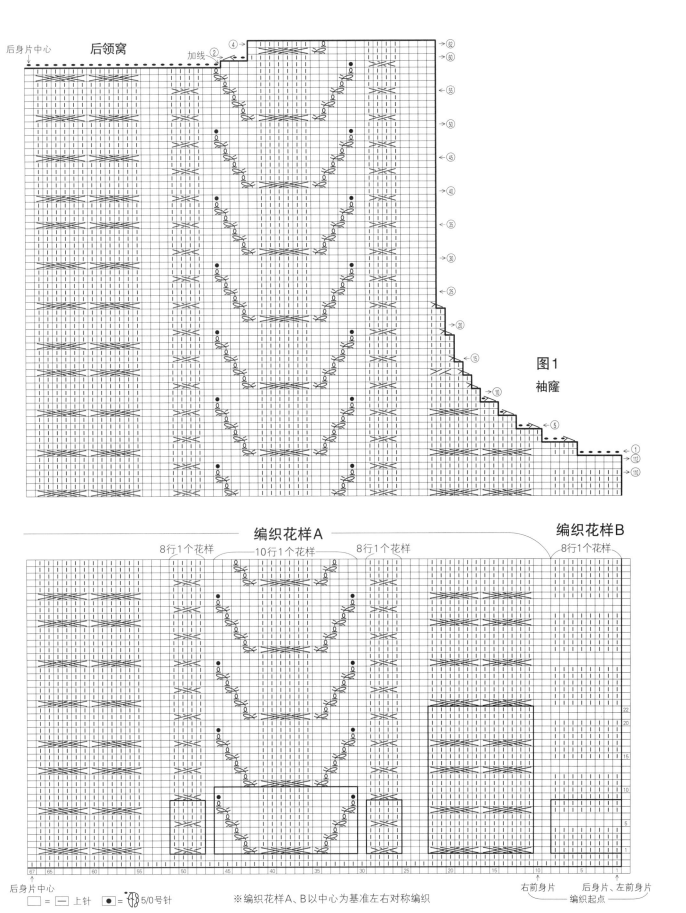

后领窝　后身片中心　加线②　④　图1　袖窿

编织花样A　编织花样B

8行1个花样　10行1个花样　8行1个花样　8行1个花样

后身片中心

□ = | 上针　● = 5/0号针

※编织花样A、B以中心为基准左右对称编织

右前身片　后身片、左前身片　编织起点

图3　风帽左片　编织花样A

编织花样B

后身片中心

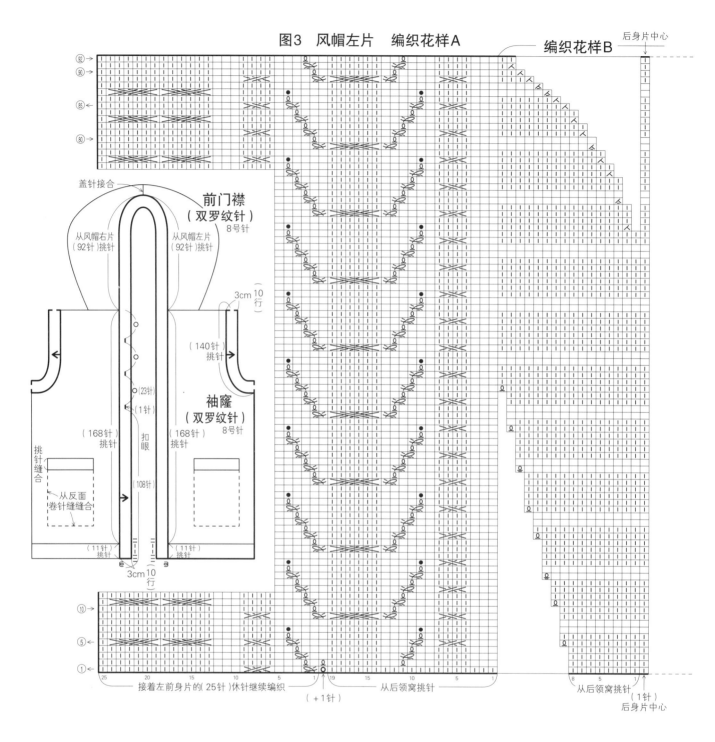

盖针接合

前门襟
（双罗纹针）
8号针

从风帽右片
（92针）挑针

从风帽左片
（92针）挑针

3cm 10行

（140针）挑针

袖窿
（双罗纹针）
8号针

（168针）挑针

（23针）

（1针）

扣眼

（168针）挑针

挑针缝合

从反面
卷针缝合

（108针）

（11针）挑针

（11针）挑针

3cm 10行

接着左前身片的（25针）休针继续编织

（+1针）

从后领窝挑针

从后领窝挑针

（1针）

后身片中心

右前门襟

扣眼

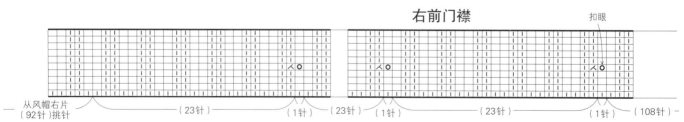

从风帽右片
（92针）挑针

（23针）

（1针）

（23针）

（1针）

（23针）

（1针）

（108针）

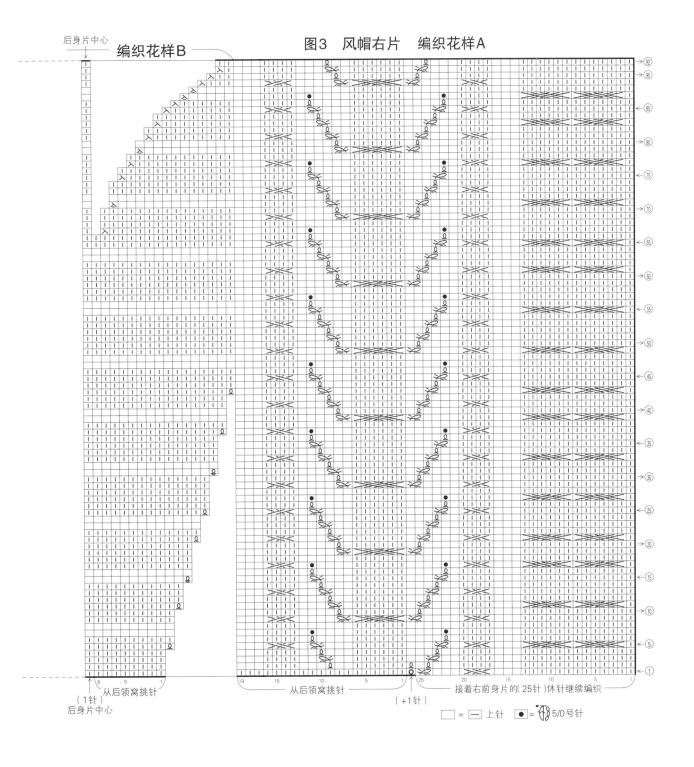

图3 风帽右片 编织花样A

后身片中心
编织花样B

从后领窝挑针
（1针）
后身片中心

从后领窝挑针

（+1针）

接着右前身片的（25针）休针继续编织

□ = □ 上针　●= 5/0号针

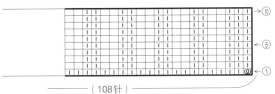

（108针）

11

作品

Beautiful Colors

●**材料** 钻石线OP（中粗）紫色、蓝色、绿色、橙色、粉色系段染（301）310g/11团
●**工具** 棒针7号、8号、6号、5号，钩针3/0号
●**成品尺寸** 胸围99cm、衣长63cm、连肩袖长29.5cm
●**编织密度** 10cm×10cm面积内：编织花样A 24针、28行；编织花样A' 23针、30行；编织花样B 24针、26行
●**编织方法和顺序** ①前、后身片的下摆分别另线锁针起针，参照图1~图4及编织图，一边改变针的号数，一边组合编织编织

花样A'、B、A，做分散减针，在腰部的位置使用更细的针编织。从编织花样B变为编织花样A时，要均匀地加针。前身片在开口止位的两端各减1针。斜肩做往返编织，参照图1~图4，前领窝编织伏针和侧边1针立针减针。②下摆分别解开另线锁针起针，挑取针目，编织双罗纹针，编织终点做双罗纹针收针。③肩部做盖针接合，胁部使用毛线缝针挑针缝合。④衣领、袖口分别挑取针目，按编织花样C环形编织，编织时要注意编织起点的位置，编织终点做环形的双罗纹针收针。

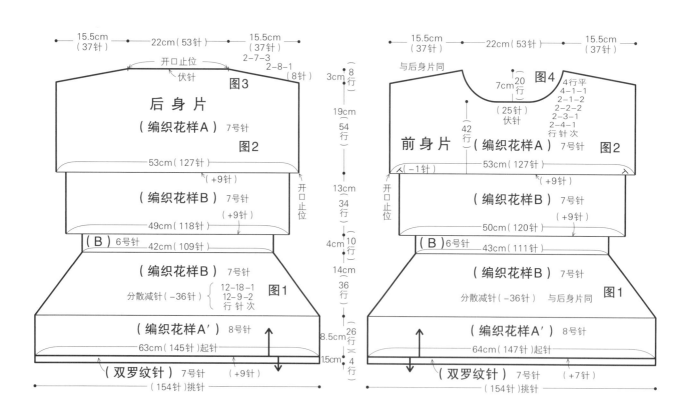

后身片（编织花样A）7号针 图3 图2
15.5cm（37针） 22cm（53针） 15.5cm（37针）
开口止位 伏针 2-7-3 2-8-1（8针）
53cm（127针）（+9针）
（编织花样B）7号针
49cm（118针）（+9针）
（B）6号针 42cm（109针）
（编织花样B）7号针 图1
分散减针（-36针）{ 12-18-1 12-9-2 行针次
（编织花样A'）8号针
63cm（145针）起针
（双罗纹针）7号针（+9针）
（154针）挑针

8 3cm（8行）19cm（54行）开口止位 13cm（34行）4cm（10行）14cm（36行）8.5cm（26行）1.5cm（4行）

前身片（编织花样A）7号针 图4 图2
15.5cm（37针） 22cm（53针） 15.5cm（37针）
与后身片同 7cm（20行）4行平 4-1-1 2-1-2 2-2-2 2-3-1 2-4-1 行针次
（25针）伏针
42行
（-1针）53cm（127针）（+9针）
（编织花样B）7号针
50cm（120针）（+9针）
（B）6号针 43cm（111针）
（编织花样B）7号针 图1
分散减针（-36针） 与后身片同
（编织花样A'）8号针
64cm（147针）起针
（双罗纹针）7号针（+7针）
（154针）挑针

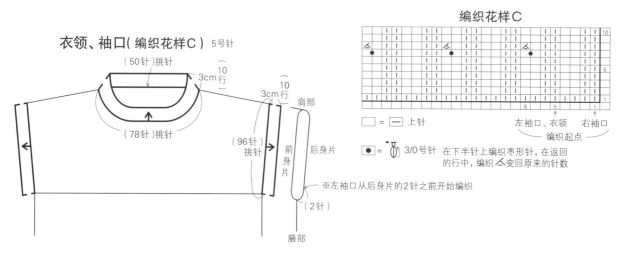

衣领、袖口（编织花样C）5号针
（50针）挑针
3cm（10行）
（78针）挑针
（96针）挑针
3cm（10行）
肩部 前身片 后身片 胁部
※左袖口从后身片的2针之前开始编织
（2针）

编织花样C
□ = —上针
左袖口、衣领 右袖口
编织起点
● = 3/0号针 在下半针上编织枣形针，在返回的行中，编织△变回原来的针数

图1 编织花样A′、B(分散加减针)

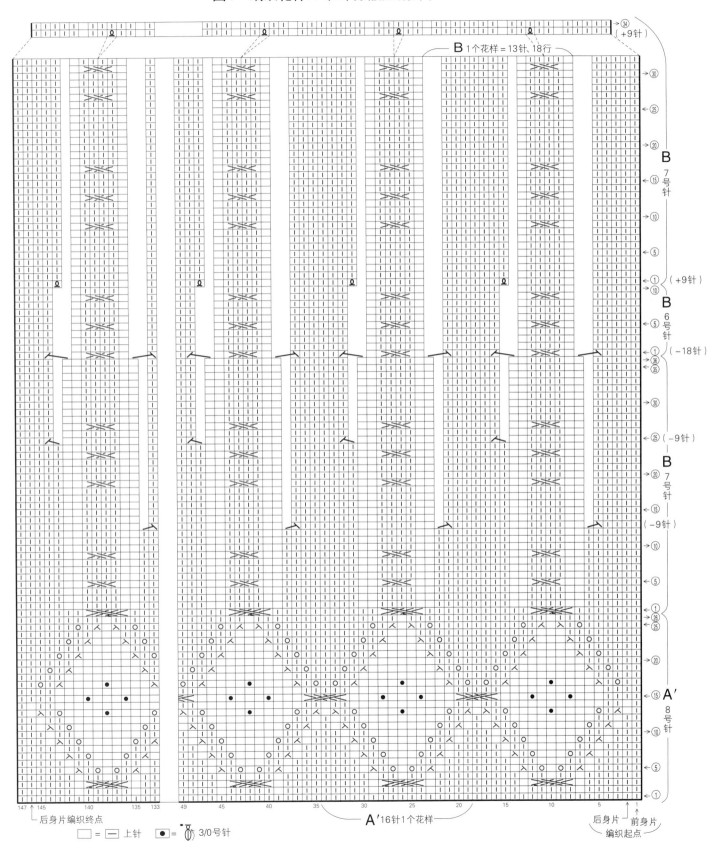

B 1个花样=13针、18行

A′16针1个花样

后身片编织终点

□ = 上针　● = 3/0号针

后身片　前身片
编织起点

73

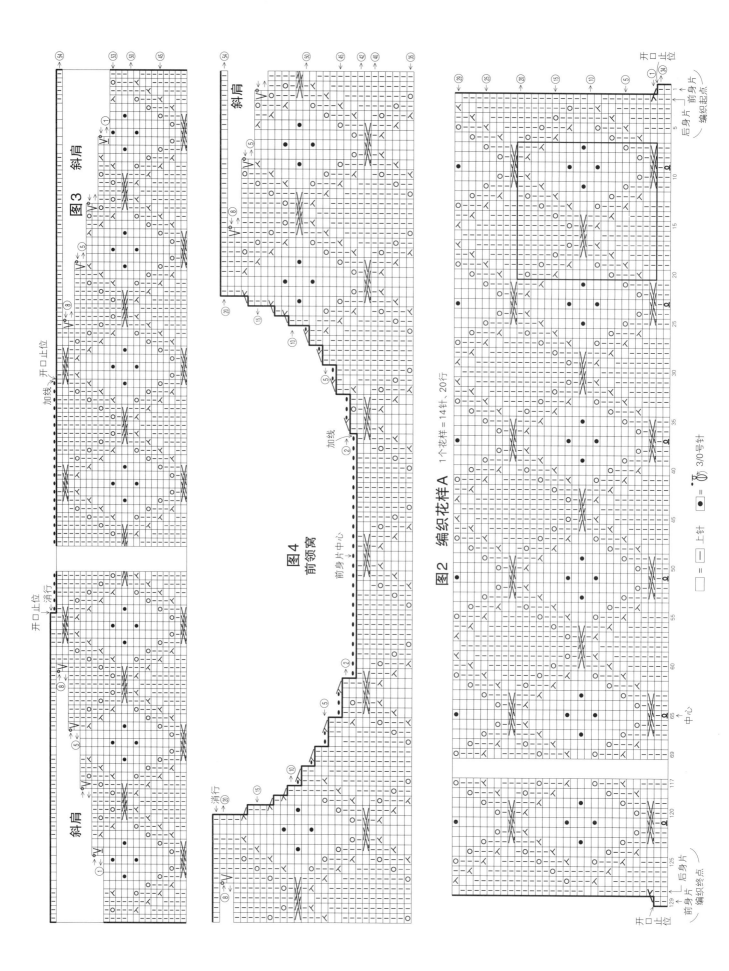

图3

斜肩

斜肩

图4
前领窝

前身片中心

加线

消行

加线

开口止位

开口止位

斜肩

斜肩

中心

图2 编织花样A　1个花样=14针、20行

□ = □ 上针　● = □　Ⅰ = ● 3/0号针

开口止位

编织起点

后身片 前身片

前身片起点

中心

后身片终点

编织终点

后身片 前身片

开口止位

15
作品

Arrange Knittop Patterns

●**材料** 钻石线DTM（中粗）红色、橙色、紫色、绿色系段染（216）260g/7团
●**工具** 棒针6号、4号
●**成品尺寸** 胸围94cm，衣长54.5cm，连肩袖长29cm
●**编织密度** 10cm×10cm面积内：下针编织23针、33行；编织花样A 33针、33行
●**编织方法和顺序** ①身片分别另线锁针起针，中央编织编织花样A，两侧编织下针

编织。参照图1、图2，袖窝在第1针内侧编织扭针加针，领窝编织伏针和侧边1针立针减针，斜肩做往返编织。②下摆解开另线锁针起针，挑取针目，按编织花样B环形编织，编织终点做环形的扭针的单罗纹针收针。③肩部做盖针接合，胁部使用毛线缝针挑针缝合。④衣领编织扭针的单罗纹针，袖口编织编织花样B'，分别挑取针目后环形编织，编织终点做环形的扭针的单罗纹针收针。

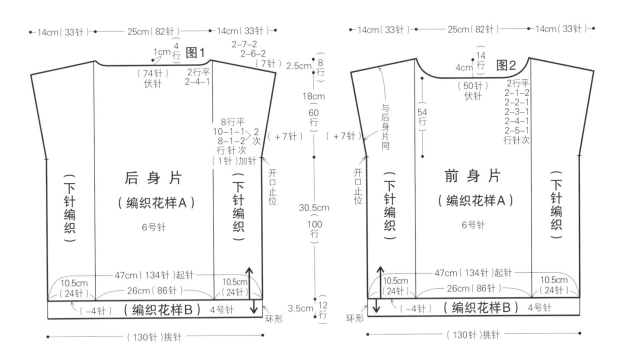

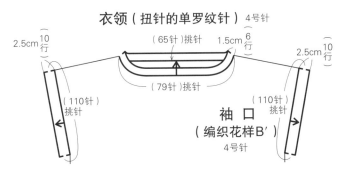

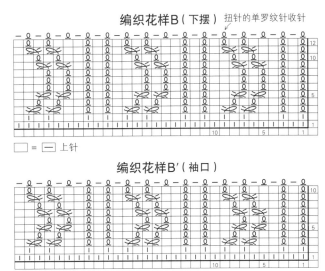

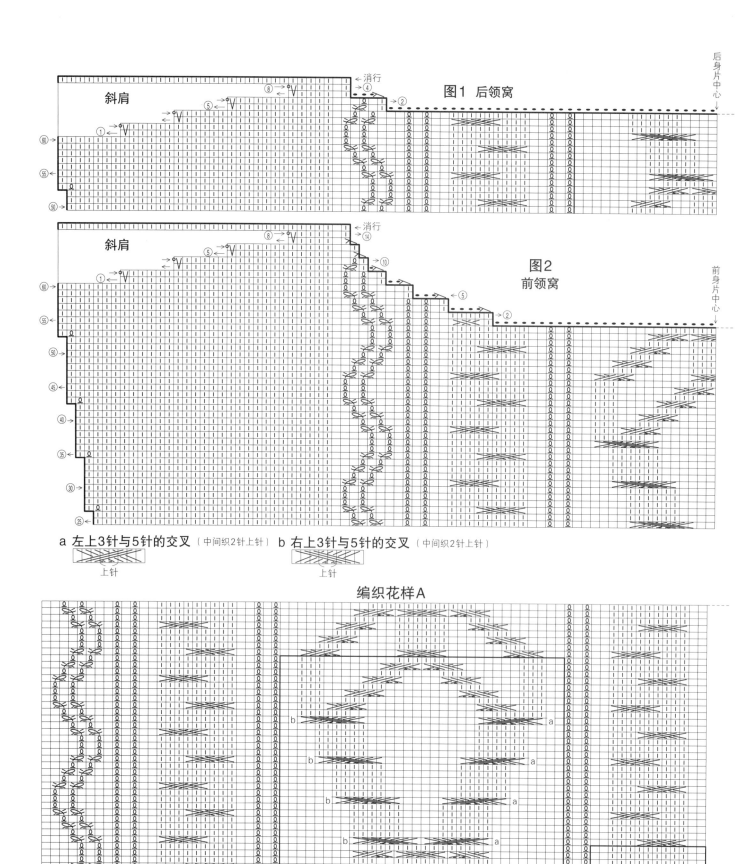

图1 后领窝

斜肩

消行

图2 前领窝

斜肩

消行

后身片中心

前身片中心

a 左上3针与5针的交叉（中间织2针上针） b 右上3针与5针的交叉（中间织2针上针）

上针

上针

编织花样A

b

b

b

b

b

a

a

a

a

□ = — 上针

36行1个花样

中心

8行1个花样

行数标记参见77页

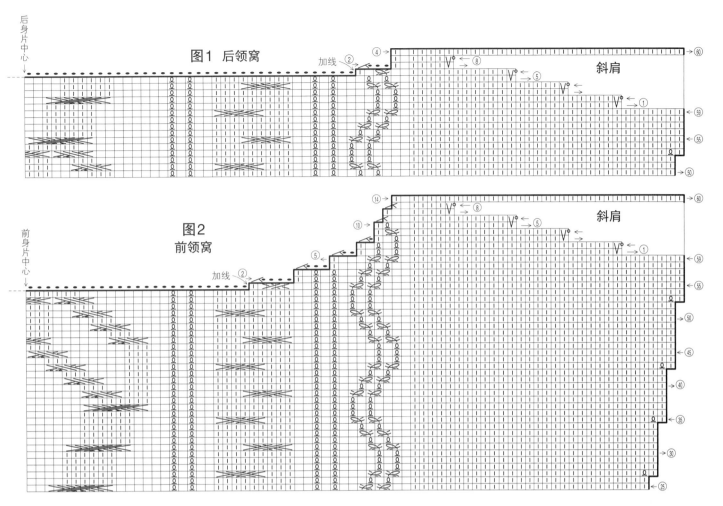

图1 后领窝

加线

斜肩

后身片中心

图2 前领窝

加线

斜肩

前身片中心

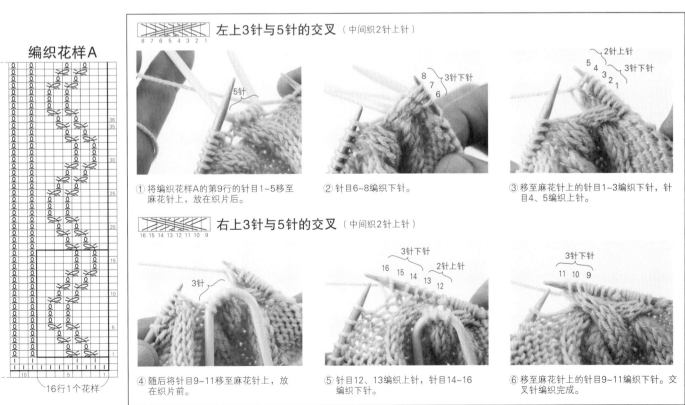

编织花样A

16行1个花样

左上3针与5针的交叉（中间织2针上针）

8 7 6 5 4 3 2 1

5针

3针下针
8
7
6

2针上针

5 4
3 2 1

3针下针

① 将编织花样A的第9行的针目1~5移至
麻花针上，放在织片后。

② 针目6~8编织下针。

③ 移至麻花针上的针目1~3编织下针，针
目4、5编织上针。

右上3针与5针的交叉（中间织2针上针）

16 15 14 13 12 11 10 9

3针

3针下针
16
15
14

2针上针
13
12

3针下针

11 10 9

④ 随后将针目9~11移至麻花针上，放
在织片前。

⑤ 针目12、13编织上针，针目14~16
编织下针。

⑥ 移至麻花针上的针目9~11编织下针。交
叉针编织完成。

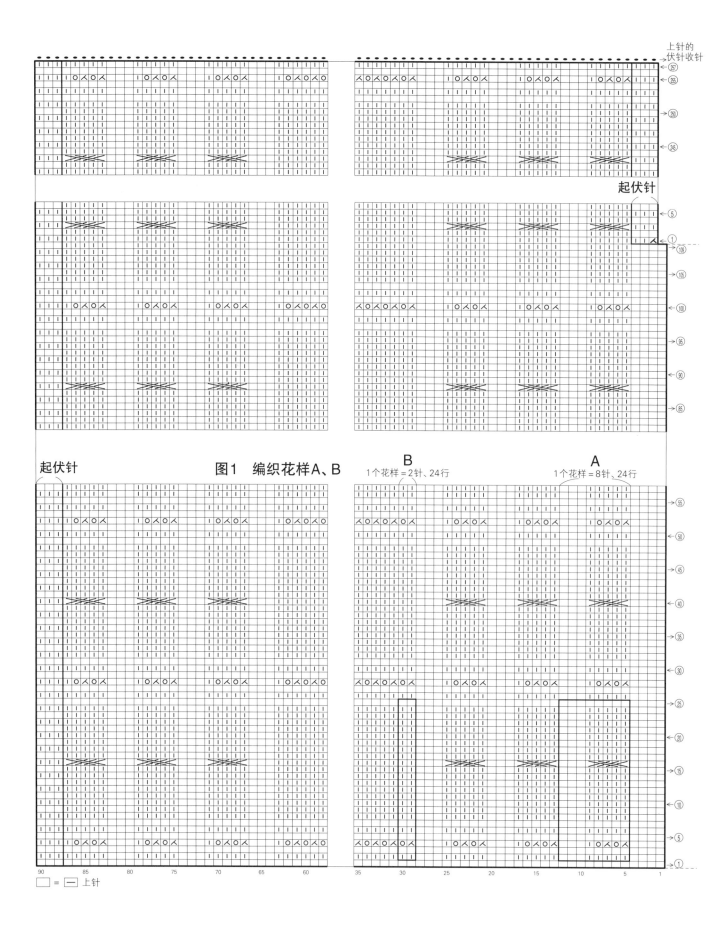

图1　编织花样A、B

起伏针

起伏针

上针的
伏针收针

B
1个花样＝2针、24行

A
1个花样＝8针、24行

□ ＝ — 上针

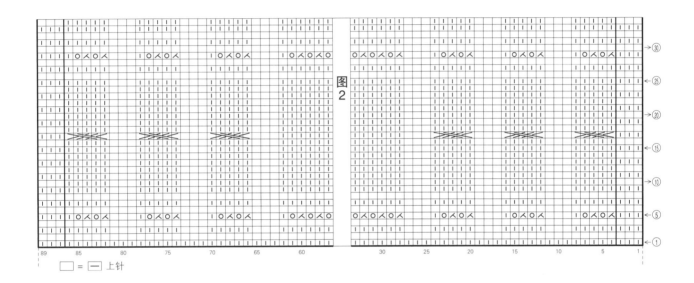

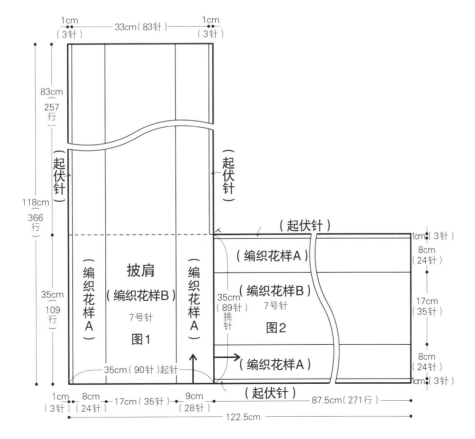

page18

12
作品

Beautiful Colors

●材料　钻石线CP（中粗）紫红色、黄绿色系段染（206）310g/11团
●工具　棒针7号
●成品尺寸　宽35cm、长118cm
●编织密度　10cm×10cm面积内：编织花样A 30针、31行；编织花样B 21针、31行
●编织方法和顺序　①参照图1，手指起针开始编织。组合编织编织花样A、B和起伏针，等针直编109行。在下一行的右侧减1针，系上线做记号备用。右侧的3针编织起伏针。随后一直编织至第257行为止，编织终点做上针的伏针收针。②从109行上均匀地挑取89针，参照图2，组合编织编织花样A、B和起伏针，等针直编271行。编织终点做上针的伏针收针。

图2

□ = □ 上针

1cm（3针）　33cm（83针）　1cm（3针）

83cm（257行）

（起伏针）　（起伏针）

118cm（366行）

（起伏针）

（编织花样A）

35cm（109行）

披肩（编织花样B）　7号针　图1

（编织花样A）

（编织花样B）　7号针　图2

35cm（89针挑针）

（编织花样A）

（编织花样A）

1cm（3针）　8cm（24针）　17cm（35针）　9cm（28针）　起针　（起伏针）　87.5cm（271行）

35cm（90针）起针

122.5cm

1cm（3针）　8cm（24针）　17cm（35针）　8cm（24针）　1cm（3针）

13

作品

Beautiful Colors

●材料 钻石线DD（中粗）米色、粉色、蓝色系段染（367）240g/6团，直径1.5cm的纽扣2颗
●工具 棒针8号、7号、6号
●成品尺寸 胸围96.5cm、肩宽35cm、衣长54cm
●编织密度 10cm×10cm面积内：编织花样A 23针、28行
●编织方法和顺序 ①前、后身片分别用手指起针，按编织花样A编织。参照图1～图3，袖窿、领窝编织伏针和侧边1针立针减针。②肩部做盖针接合，胁部使用毛线缝

针挑针缝合。③下摆解开另线锁针起针，挑取针目，按编织花样B前、后身片连续编织，编织终点做下针织下针和上针织上针的伏针收针。④衣领、前门襟分别挑取针目，按编织花样B'编织，编织终点与下摆使用同样的方法做伏针收针。衣领与前门襟、前门襟与下摆之间的对位记号对齐，使用毛线缝针挑针缝合。由于前门襟与下摆的行数不同，请均匀挑针缝合。利用右前门襟上的挂针做扣眼，在其周围做扣眼绣。在左前门襟上缝上纽扣。⑤袖窿处挑取针目，按编织花样C环形编织，编织终点做环形的双罗纹针收针。

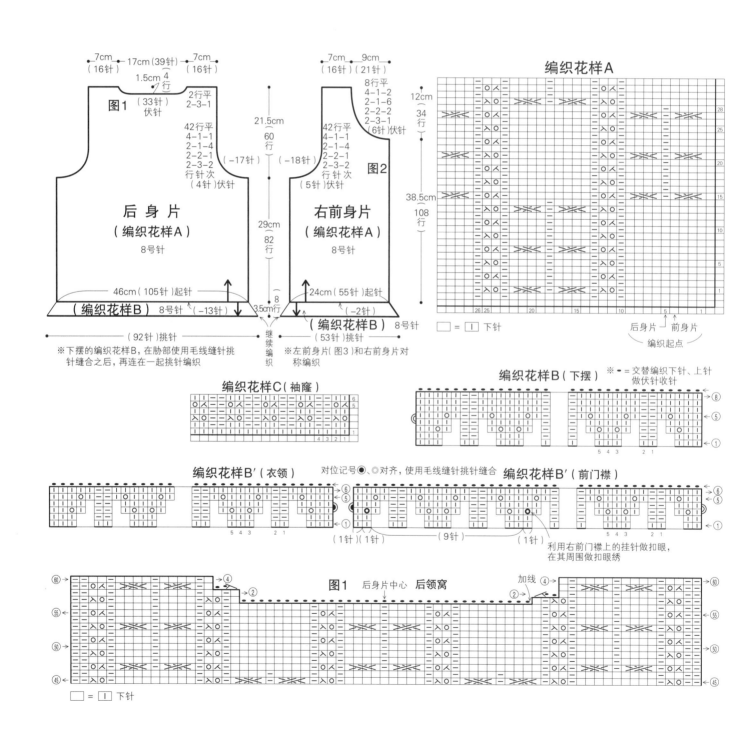

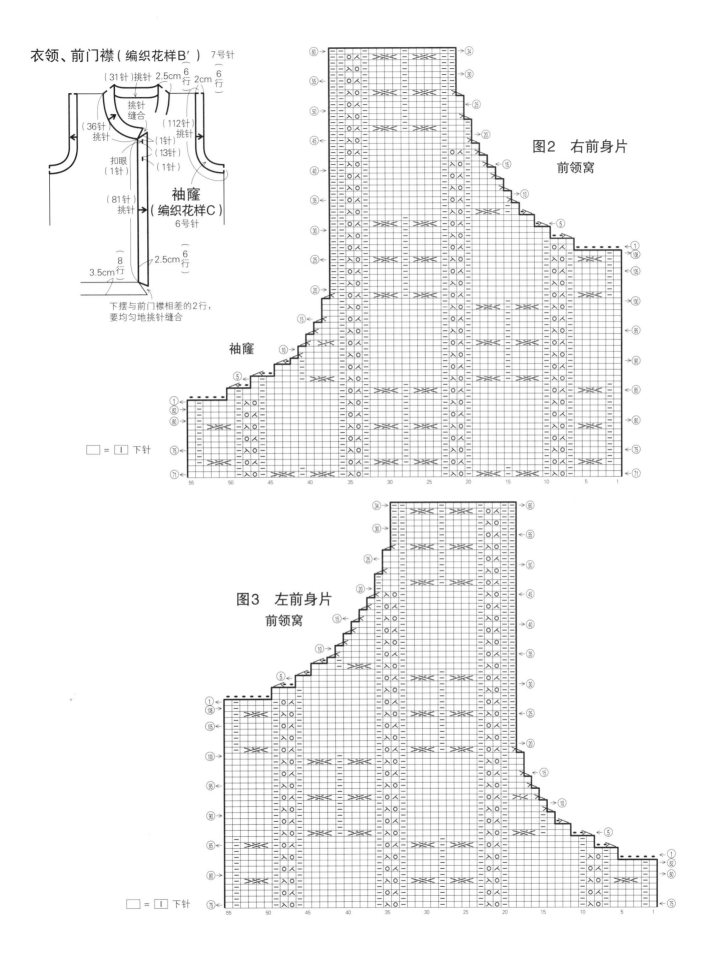

衣领、前门襟（编织花样B'）7号针

（31针）挑针 2.5cm 6行 2cm 6行

挑针缝合

（36针）挑针

（112针）挑针

（1针）
（13针）
（1针）

扣眼（1针）

袖窿（编织花样C）6号针

（81针）挑针

2.5cm 6行

3.5cm 8行

下摆与前门襟相差的2行，要均匀地挑针缝合

□ = I 下针

袖窿

图2 右前身片
前领窝

图3 左前身片
前领窝

□ = I 下针

14

作品

Beautiful Colors

●**材料** 钻石线CA（中粗）黄绿色、蓝色系段染（703）310g/11团

●**工具** 棒针6号、4号

●**成品尺寸** 胸围96cm、衣长54.5cm、连肩袖长49cm

●**编织密度** 10cm×10cm面积内：编织花样A、A′均为31针、32行；下针编织24针、32行

●**编织方法和顺序** ①身片另线锁针起针，参照图1、图2编织。胁部编织96行后，两侧休针，各编织1针卷针。衣领开口处编织伏针，在前端各编织1针卷针。②衣袖另线锁针起针，参照图3编织，在第51行减4针。随后变为下针编织，在与身片连接的止位处系上线做记号。编织终点休针备用。③下摆、袖口分别解开另线锁针起针，挑取针目，编织双罗纹针，编织终点做双罗纹针收针。④肩部做盖针接合。⑤衣领处参照图4，挑取针目，环形编织双罗纹针，编织终点做环形的双罗纹针收针。⑥使用毛线缝针做针与行的缝合，将衣连接到身片上，身片上的休针也使用同样的方法缝合。胁部、袖下使用毛线缝针挑针缝合。

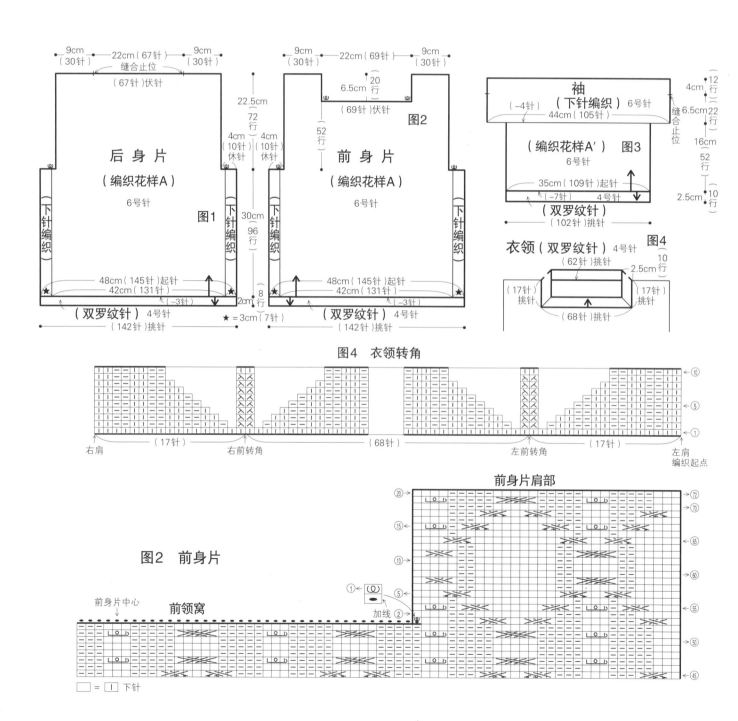

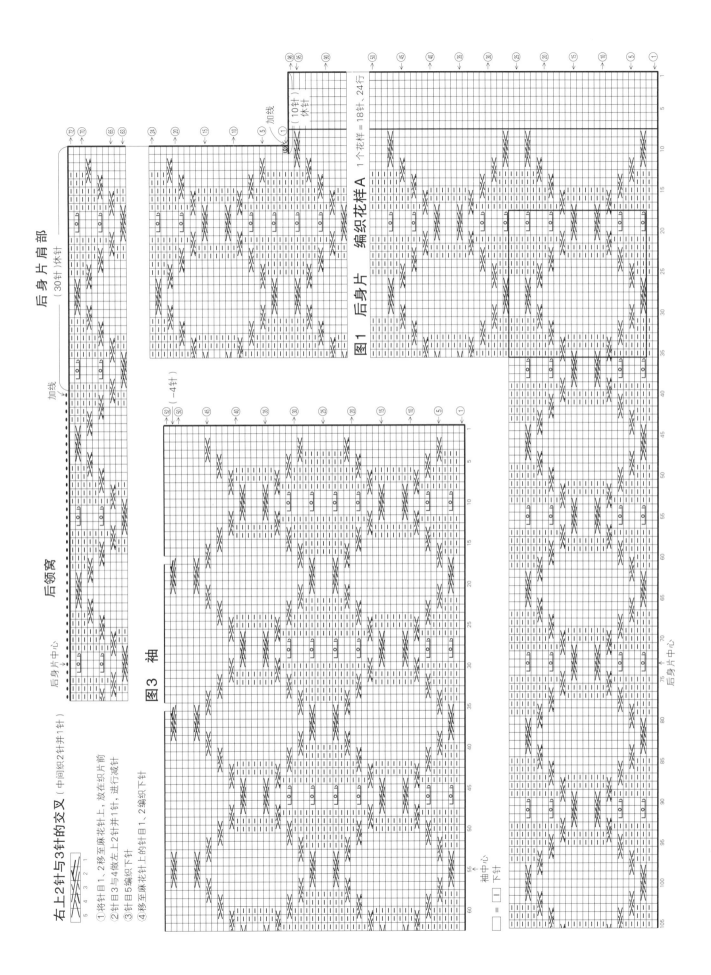

后身片肩部

后领窝

后身片中心

右上2针与3针的交叉（中间织2针并1针）

①将针目1、2移至麻花针上，放在织片前
②针目3与4做左上2针并1针，进行减针
③针目5编织下针
④移至麻花针上的针目1、2编织下针

编织花样A　1个花样＝18针、24行

图1　后身片

图3　袖

袖中心

□ ＝ □ 下针

16
作品

Arrange Knit of Pattern

● 材料　钻石线DT（中粗）灰色（728）480g/12团
● 工具　棒针6号、4号、5号、7号
● 成品尺寸　胸围94cm、肩宽34cm、衣长59cm、袖长56cm
● 编织密度　10cm×10cm面积内：编织花样30针、31行；上针编织23针、31行
● 编织方法和顺序　①身片、衣袖分别另线锁针起针，在中央的位置编织编织花样。参照图1~图3，袖窿、领窝、袖山编织伏针和侧边1针立针减针，袖下在第1针内侧编织扭针加针。②下摆、袖口分别解开另线锁针起针，挑取针目，编织双罗纹针，在下摆的两侧各编织1针卷针。编织指定数量的行数后，编织终点做双罗纹针收针，下摆边上的针目向反面折叠，与下一针重叠后，做双罗纹针收针。③肩部做盖针接合，胁部、袖下使用毛线缝针挑针缝合。胁部罗纹针部分暂不缝合，备用。④衣领处参照图4，挑取针目，环形编织双罗纹针33行后，暂将线剪断，在指定位置加线后做往返编织。编织终点与下摆相同，做双罗纹针收针。⑤使用钩针将衣袖引拔缝合到身片上。

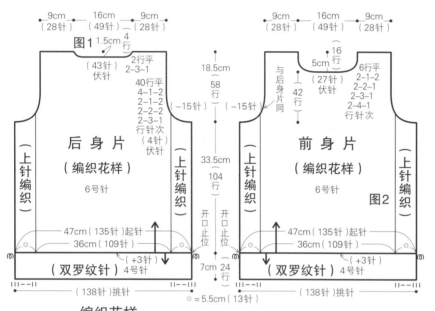

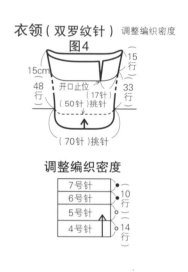

编织花样

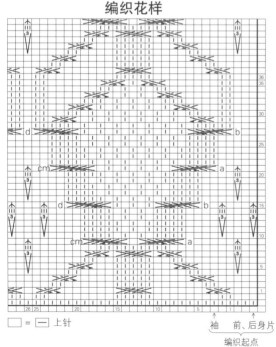

□ = − 上针

袖　前、后身片

编织起点

图4　衣领　双罗纹针

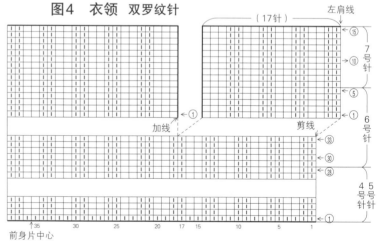

前身片中心

左上2针与4针的交叉 a （织1针上针）
左上2针与4针的交叉 b （织1针上针）
右上2针与4针的交叉 c （织1针上针）
右上2针与4针的交叉 d （织1针上针）

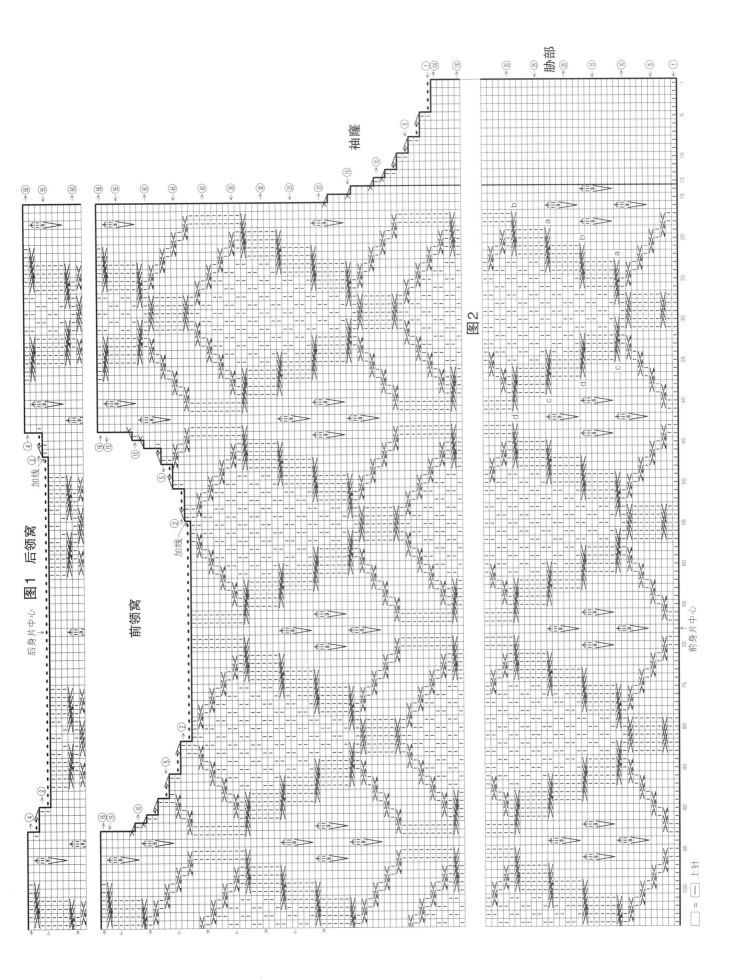

图2

图1

后领窝

后身片中心

前领窝

袖隆

肋部

前身片中心

加线

加线

上针

= 上针

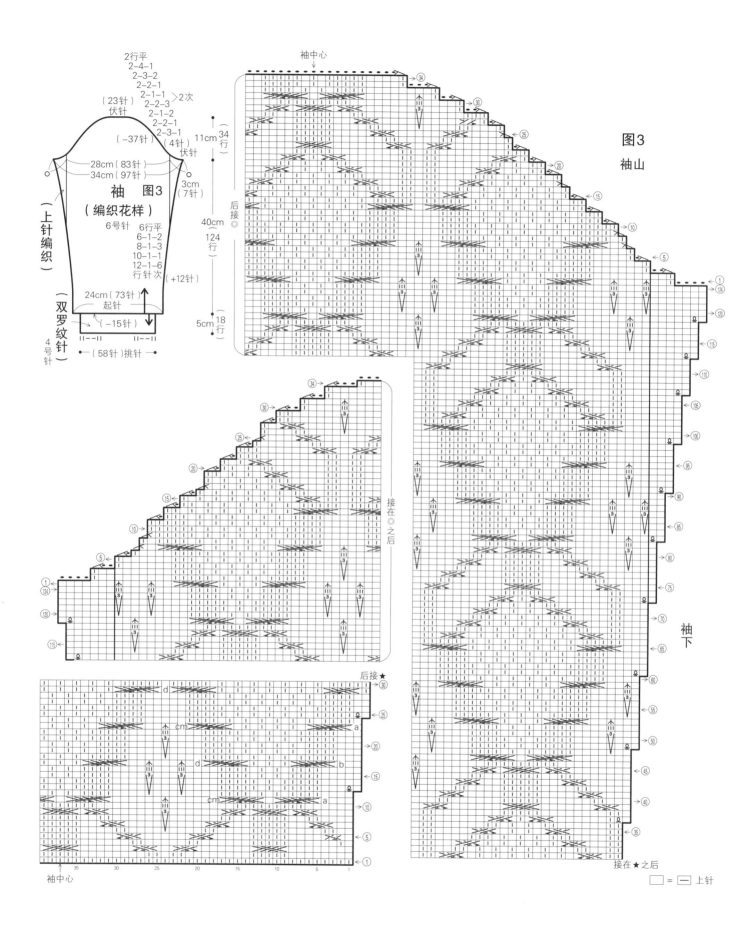

图3
袖山

2行平
2-4-1
2-3-2
2-2-1
2-1-1 >2次
2-2-3
2-2-1
2-2-1
2-3-1
（23针）
伏针
（-37针）（4针）
伏针
28cm（83针）
34cm（97针）

袖 图3
（编织花样）
6号针 6行平
6-1-2
8-1-3
10-1-1
12-1-6
行针次 （+12针）

（上针编织）

（双罗纹针）
4号针

24cm（73针）
起针
（-15针）

（58针）挑针

11cm 34行
40cm 124行
3cm（7针）
5cm 18行

后接◎

接在◎之后

后接★

接在★之后

袖中心

袖下

袖中心

□ = □ 上针

17
作品

Arrange Spirit of Patterns

● 材料　钻石线DTL（中粗）灰色（621）310g/8团

● 工具　棒针6号、4号，钩针2/0号、3/0号

● 成品尺寸　胸围94.5cm、肩宽36cm、衣长46.5cm、袖长65.4cm

● 编织密度　10cm×10cm面积内：编织花样A 27针、31行

● 编织方法和顺序　①身片、衣袖分别另线锁针起针，按编织花样A编织。参照图1～图4，袖窿、领窝、袖山编织伏针和侧边1针立针减针，前身片下摆的加针，加2针及2针以上时，编织卷针，每2行加1针时，在第1行编织挂针，在第2行编织扭针。前身片下摆每4行及以上加1针和袖下加针时，在第1针内侧编织扭针加针。部分位置会利用编织花样进行加减针，编织时请注意。②后身片下摆解开另线锁针起针，挑取针目，按编织花样B编织，第9行使用钩针钩织。③肩部做盖针接合。④前身片下摆、前门襟、衣领从右前身片上挑取针目，连续挑取至左前身片的下摆，按编织花样B编织。⑤袖口按编织花样B'编织。⑥胁部、袖下使用毛线缝针挑针缝合。⑦使用钩针将衣袖引拔缝合到身片上。

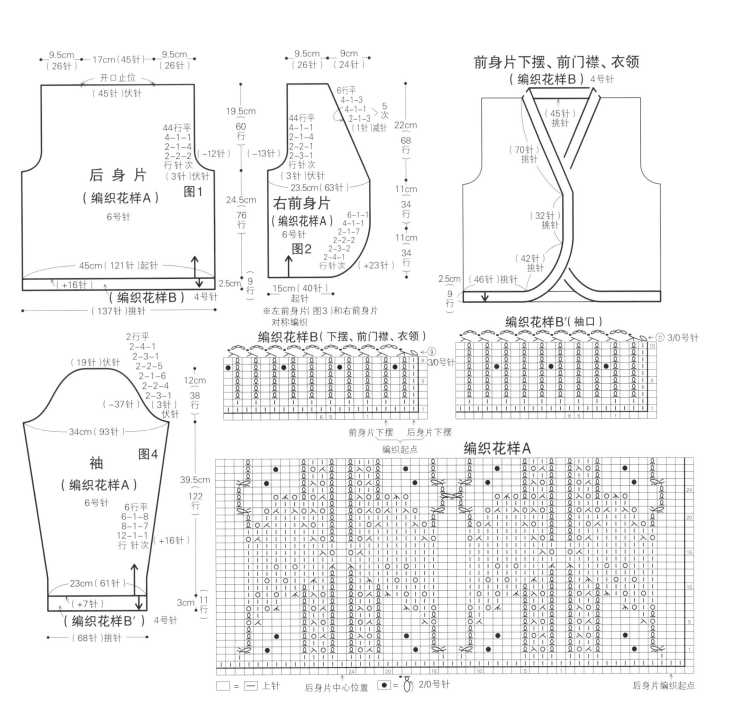

后身片（编织花样A）6号针　图1

右前身片（编织花样A）6号针　图2

袖（编织花样A）6号针　图4

前身片下摆、前门襟、衣领（编织花样B）4号针

编织花样B（下摆、前门襟、衣领）

编织花样B'（袖口）

编织花样A

※左前身片（图3）和右前身片对称编织

□ = — 上针　后身片中心位置　● = 2/0号针　后身片编织起点

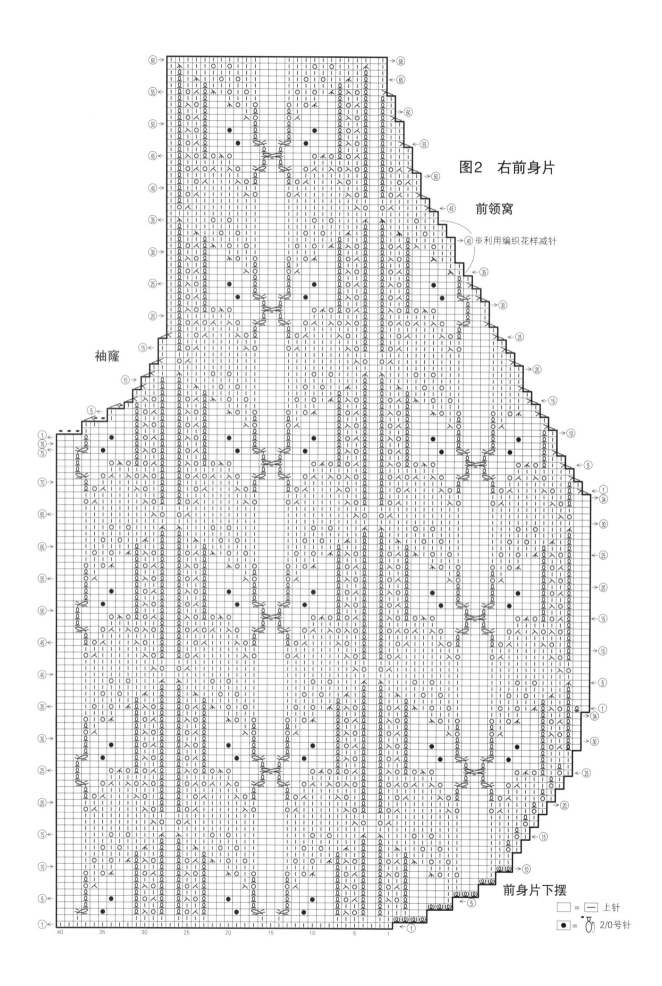

图2　右前身片

前领窝

※利用编织花样减针

袖窿

前身片下摆

□ = □ 上针

● = ⚇ 2/0号针

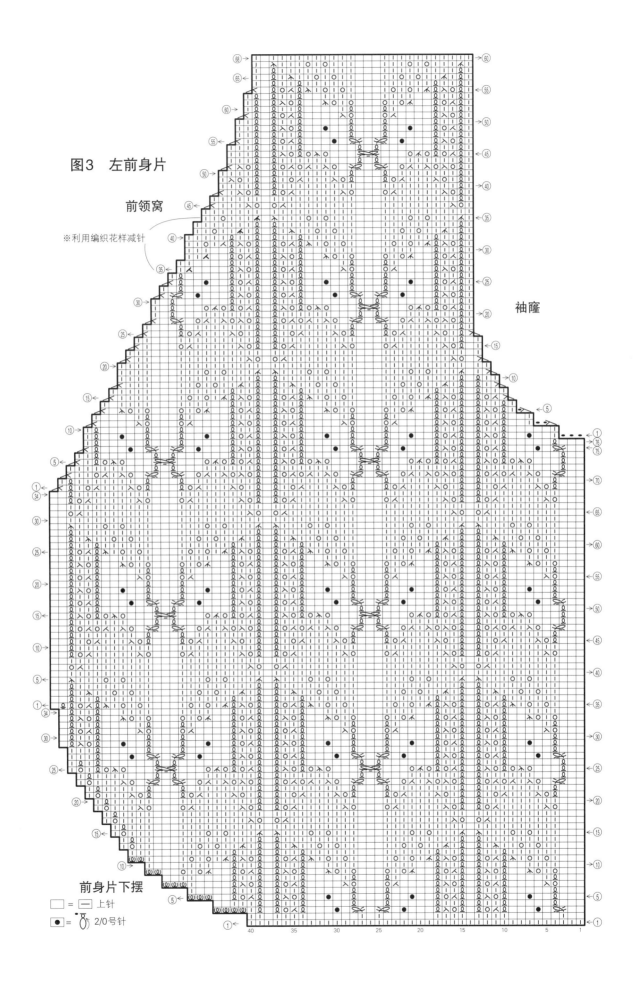

图3 左前身片

前领窝

※利用编织花样减针

袖窿

前身片下摆

□ = ⊟ 上针

● = ⏀ 2/0号针

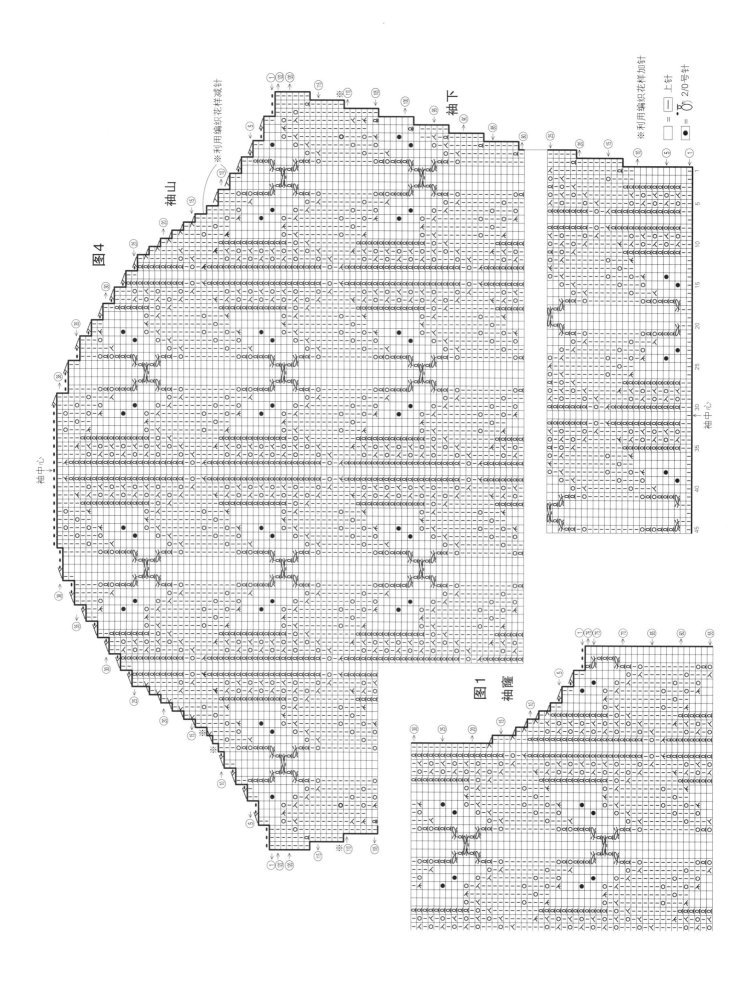

page30

19
作品

Arrange Knit of Patterns

● **材料** 钻石线DT（中粗）深米色（704）
440g/11团
● **工具** 棒针6号、4号
● **成品尺寸** 胸围94cm、肩宽34cm、衣长
55cm、袖长55cm
● **编织密度** 10cm×10cm面积内：编织花
样30针、32行；上针编织22针、32行
● **编织方法和顺序** ①身片、衣袖分别另线
锁针起针，按编织花样编织。参照图1~图
4，袖窿、领窝、袖山编织伏针和侧边1针
立针减针，袖下在第1针内侧编织扭针加

针。前领窝中心处的1针休针，在两侧各编
织1针卷针。②下摆、袖口的边缘编织，分
别解开另线锁针起针，挑针编织，编织终点
做扭针的单罗纹针收针。③肩部做盖针接
合，胁部、袖下使用毛线缝针挑针缝合。
④衣领的边缘编织，两侧各编织1针卷针，
挑针编织，编织终点做扭针的单罗纹针收
针。衣领边上的针目，上侧使用毛线缝针挑
针缝合，下侧卷针缝缝合在反面。前身片中
心的1针休针，与衣领的转角接合在一起。
⑤使用钩针将衣袖引拔缝合到身片上。

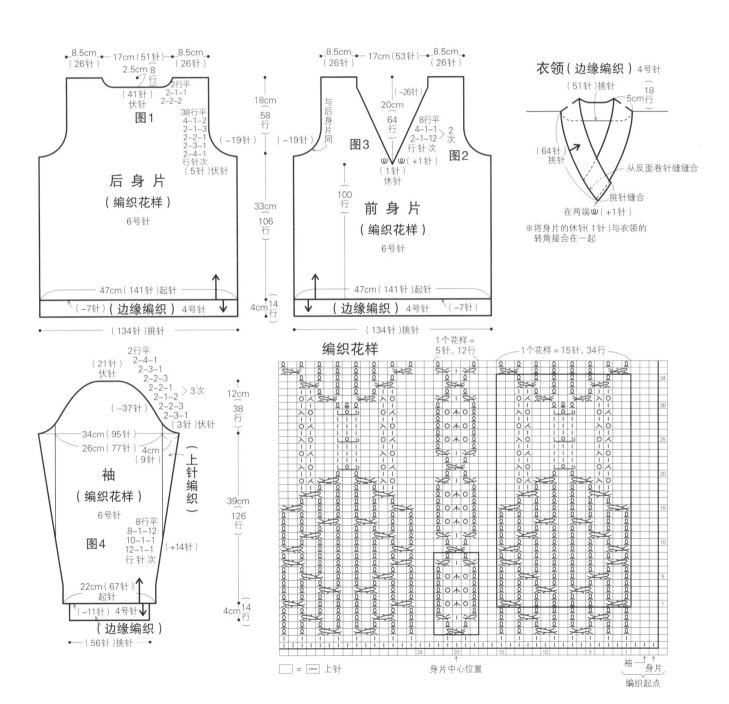

边缘编织（下摆、袖口）　　　　　　　　　　　　　　　　　※扭针的单罗纹针收针

图1
后领窝

□ = ﹣ 上针

边缘编织（衣领）

（+1针）　　　　　　　　　　（+1针）

的编织方法

①将针目1移至麻花针上，放在织片后
②针目2编织扭针
③编织挂针，将针目1移回右棒针，针目3
　不编织，移至右棒针上
④将针目4移至麻花针上，放在织片前
⑤编织针目5，将针目1和针目3一次性地
　盖到针目5上，做中上3针并1针
⑥针目4编织扭针

图3
前领窝

袖窿

加线

前身片中心

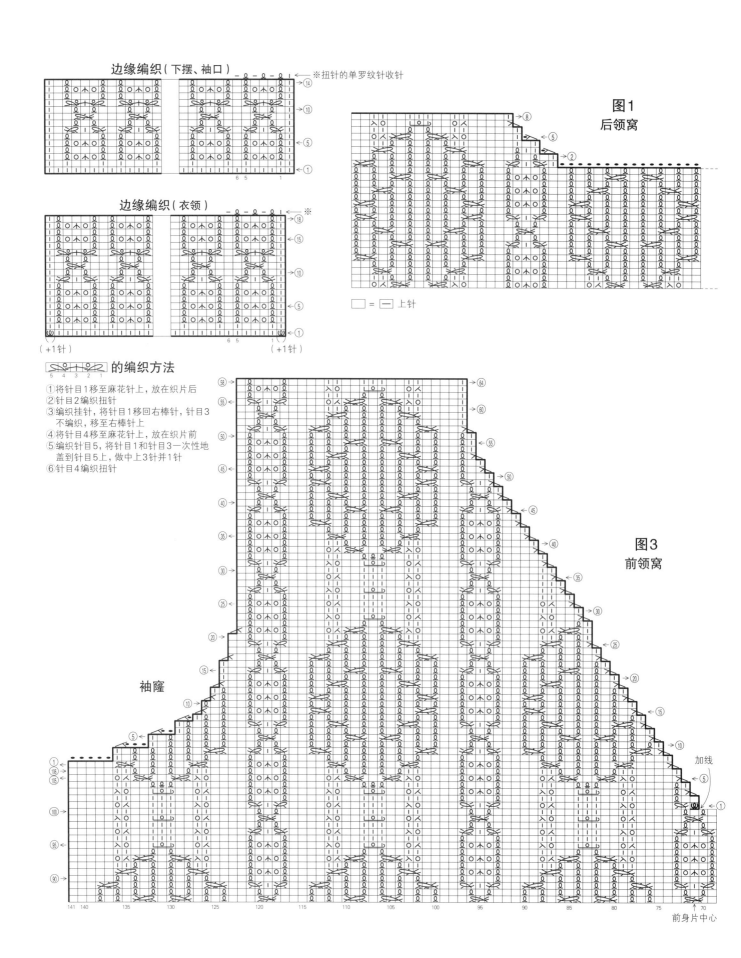

图1
后领窝

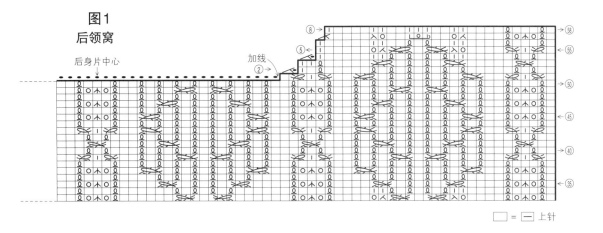

后身片中心
加线

□ = ⊟ 上针

图2
前领窝

袖窿

前身片中心

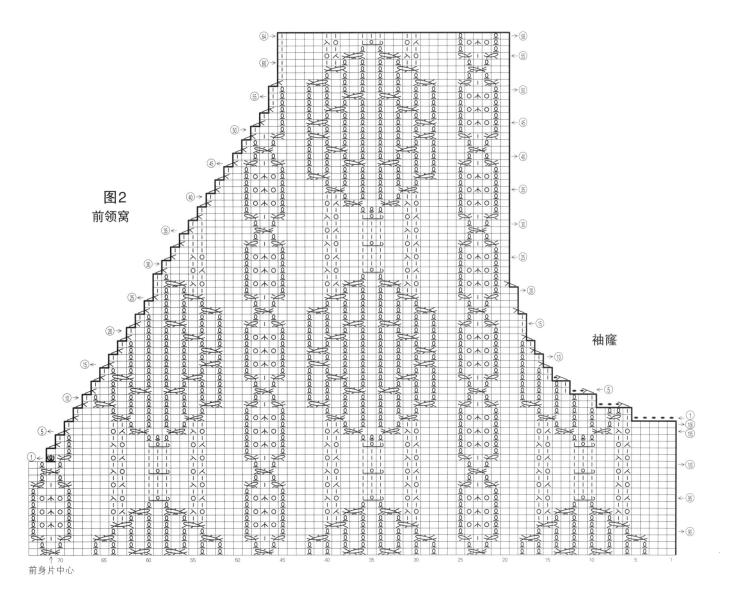

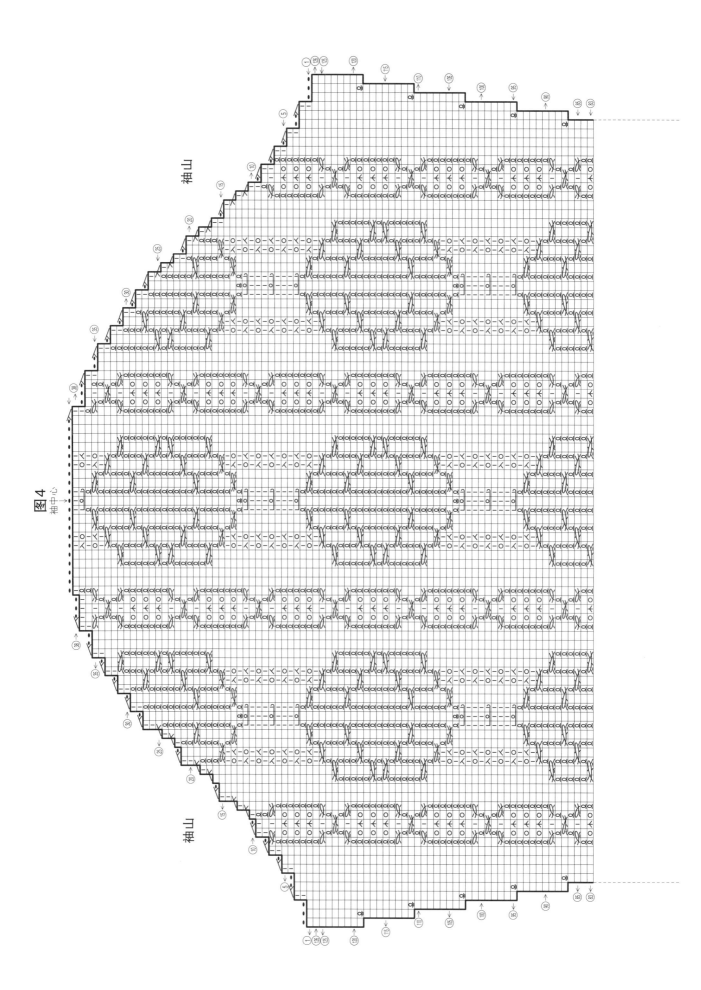

图4

94

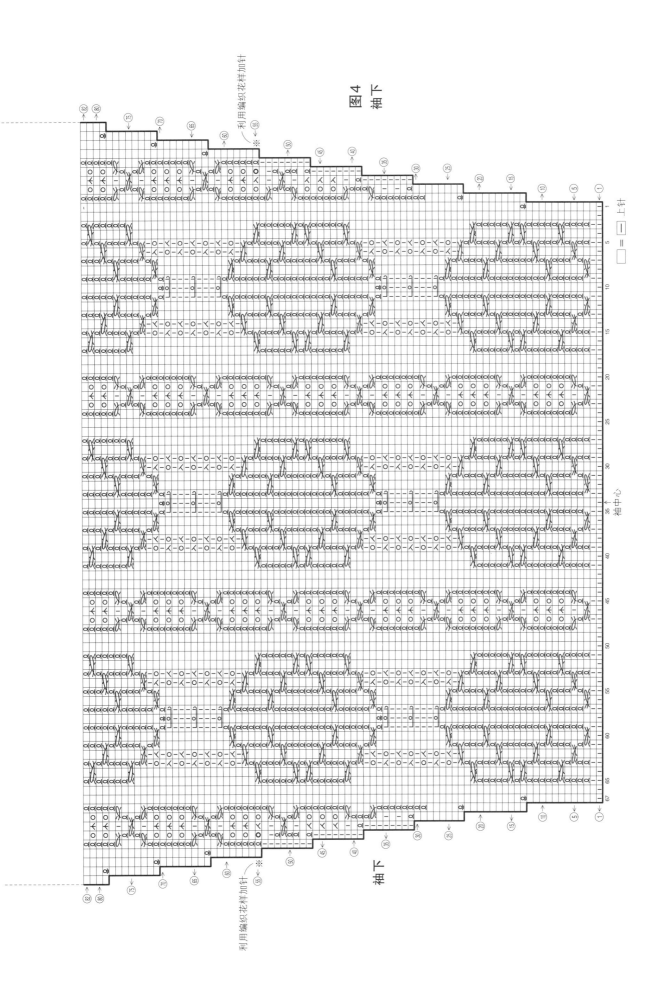

图4
袖下

袖下

利用编织花样加针

利用编织花样加针

□ = □ 上针

袖中心

20
作品

Arrange Knit of Pattern

●材料　钻石线DTW(中粗)米色(911)470g/12团，直径1.7cm的纽扣3颗
●工具　棒针7号、5号
●成品尺寸　胸围96.5cm、肩宽34cm、衣长61.5cm、袖长55cm
●编织密度　10cm×10cm面积内：编织花样A 31针、21行
●编织方法和顺序　①身片、衣袖分别另线锁针起针，按编织花样A编织。参照图1~图4，袖窿、领窝、袖山编织伏针和侧边1针立针减针，袖下在第1针内侧编织扭针加针。②下摆、袖口分别解开另线锁针起针，挑取针目，按编织花样B编织，编织终点做扭针的单罗纹针收针。③肩部做盖针接合，胁部、袖下使用毛线缝针挑针缝合。④前门襟、衣领的边缘编织，在两侧各编织1针卷针，挑针编织，在右前门襟上开扣眼。编织终点做扭针的单罗纹针收针，在左前门襟上缝上纽扣。⑤使用钩针将衣袖引拔缝合到身片上。

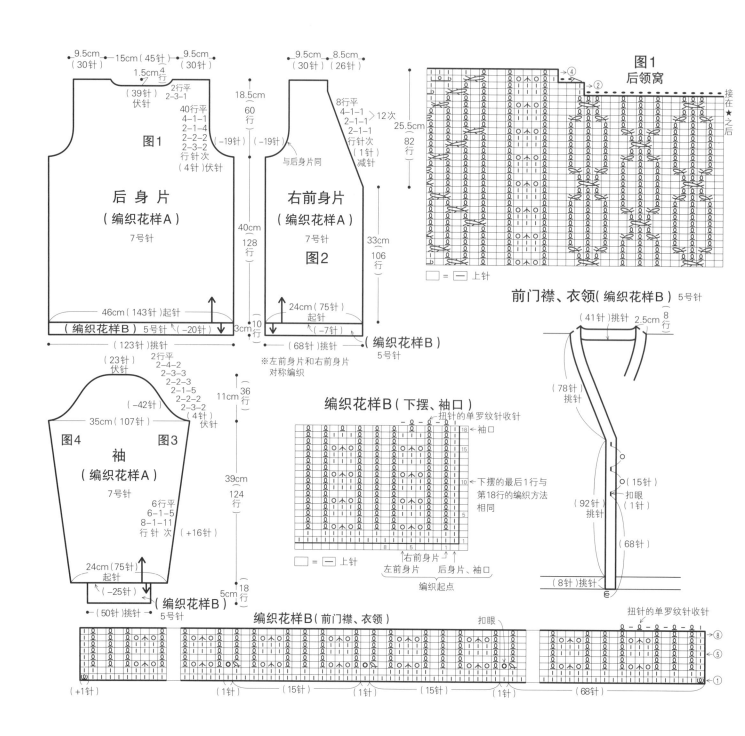

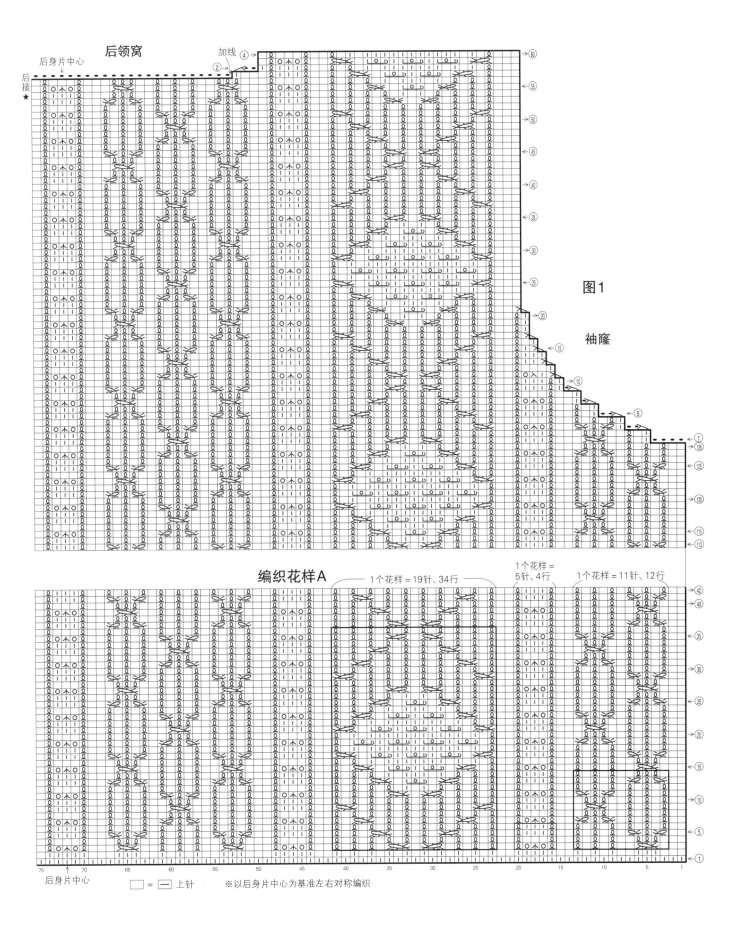

后领窝

后身片中心

后领窝

加线

图1

袖窿

编织花样A

1个花样 = 19针、34行

1个花样 = 5针、4行

1个花样 = 11针、12行

后身片中心

□ = — 上针　　※以后身片中心为基准左右对称编织

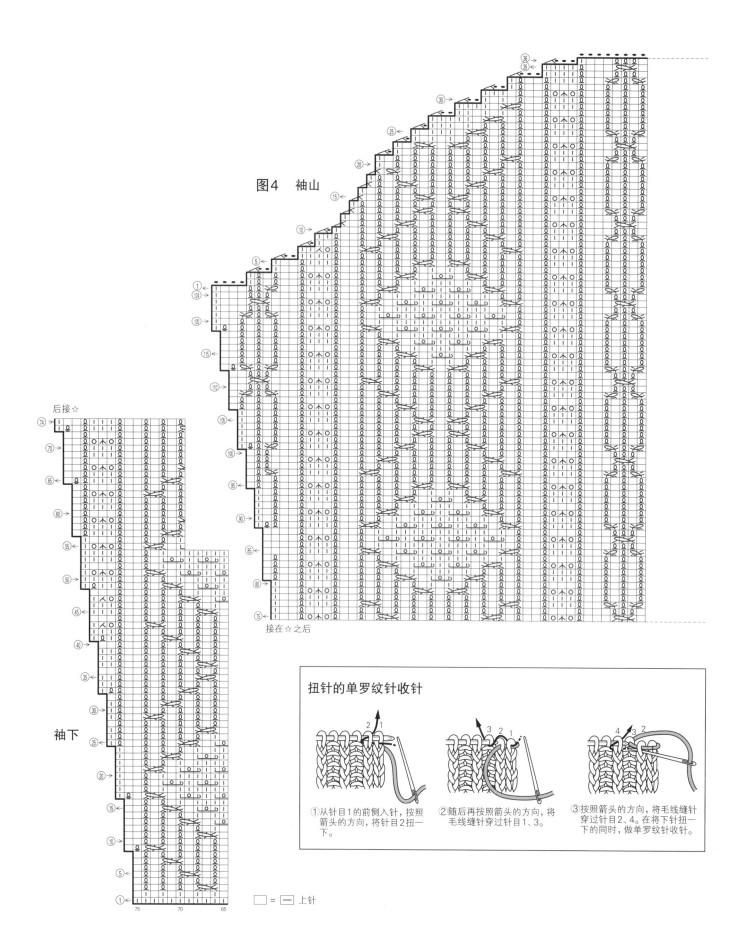

图4 袖山

后接☆

接在☆之后

袖下

扭针的单罗纹针收针

①从针目1的前侧入针，按照箭头的方向，将针目2扭一下。

②随后再按照箭头的方向，将毛线缝针穿过针目1、3。

③按照箭头的方向，将毛线缝针穿过针目2、4。在将下针扭一下的同时，做单罗纹针收针。

□ = ― 上针

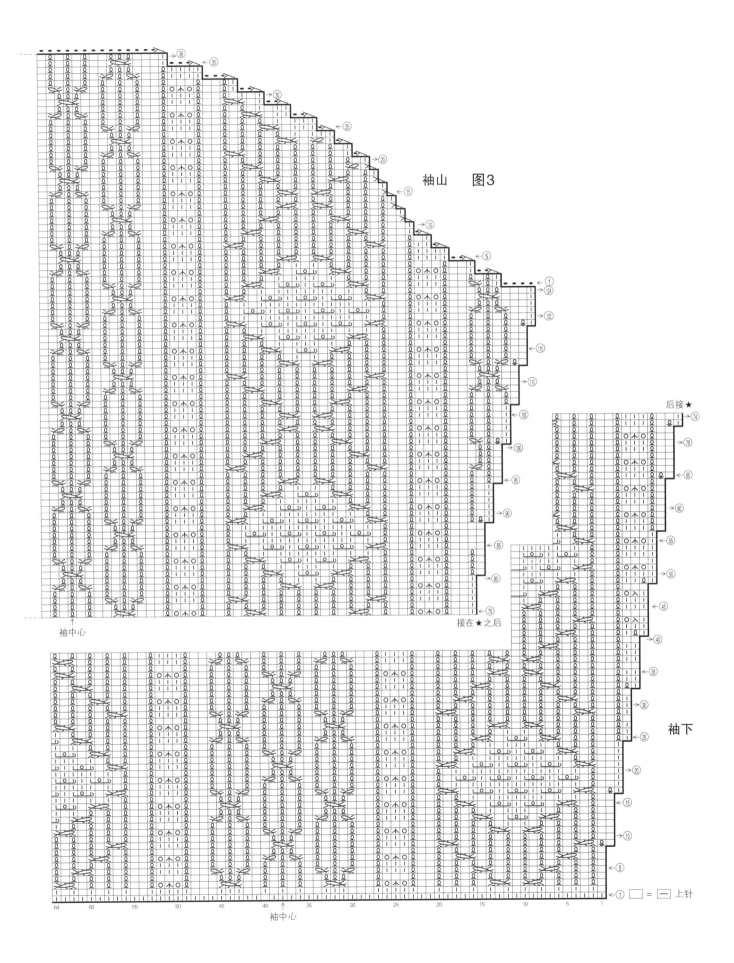

袖山　图3

袖下

袖中心

后接★

接在★之后

□ = － 上针

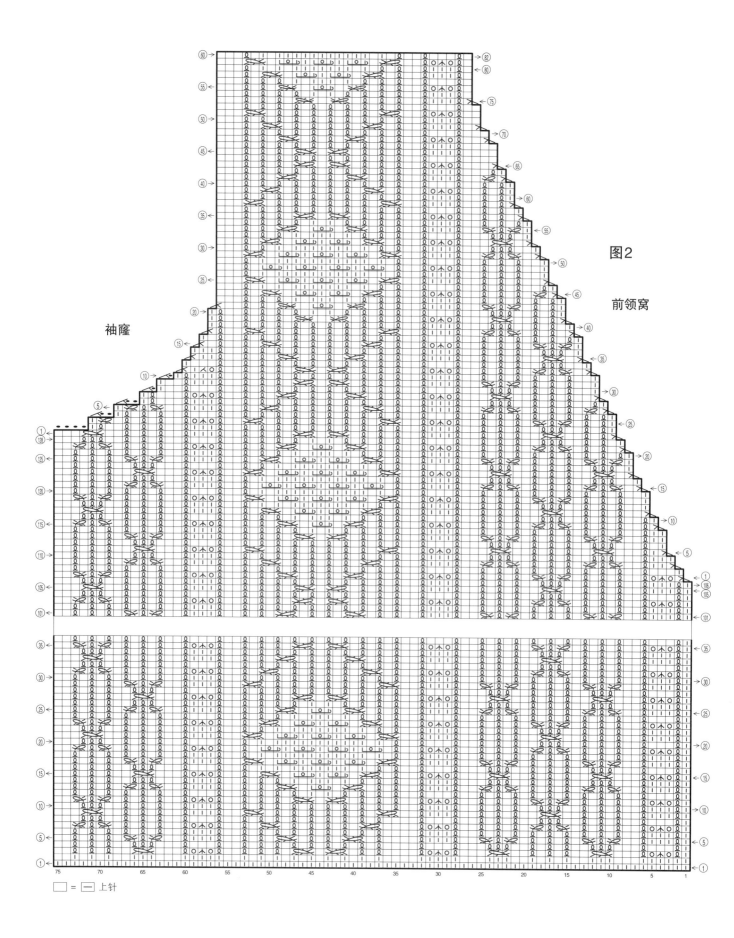

图2

前领窝

袖窿

□ = — 上针

18
作品

Arrange Knit of Patterns

● 材料　钻石线MD（中粗）粉色（705）230g/6团
● 工具　棒针6号、4号
● 成品尺寸　胸围94cm、肩宽34cm、衣长54.5cm、袖长44.5cm
● 编织密度　10cm×10cm面积内：编织花样A 27针、30行；下针编织21针、30行
● 编织方法和顺序　①身片、衣袖分别用手指起针，身片中间按编织花样A编织，两侧做下针编织，衣袖按编织花样A编织。参照图1~图3，胁部做侧边1针立针减针及在

第1针内侧编织扭针加针，袖窿、领窝、袖山编织伏针和侧边1针立针减针，袖下在第1针内侧编织扭针加针。②下摆、袖口分别解开另线锁针起针，挑取针目，按编织花样B编织，编织终点做下针织下针、上针织上针的伏针收针。③肩部做盖针接合，胁部、袖下使用毛线缝针挑针缝合。④衣领处挑取针目，按编织花样C环形编织，编织终点做环形的扭针的单罗纹针收针。⑤使用钩针将衣袖引拔缝合到身片上。

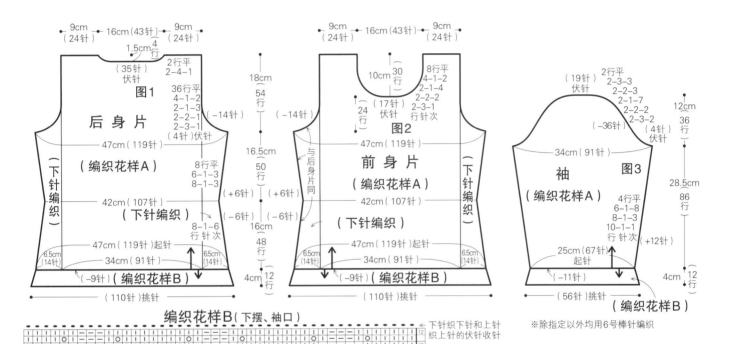

编织花样B（下摆、袖口）

下针织下针和上针织上针的伏针收针

※除指定以外均用6号棒针编织

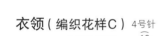

衣领（编织花样C）　4号针

（45针）挑针　3cm / 10行

（71针）挑针

编织花样C（衣领）

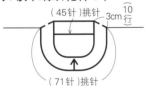

编织花样A

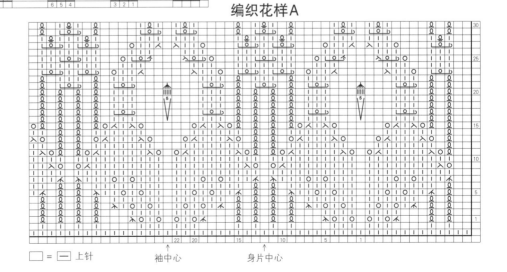

□ = │─ 上针

袖中心　　身片中心

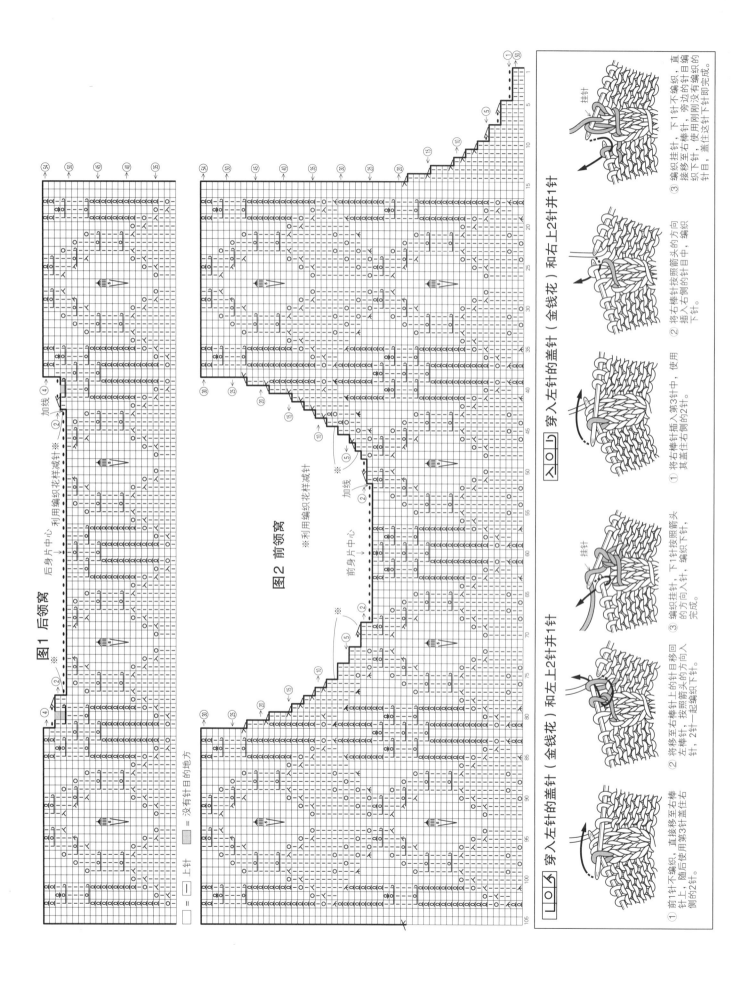

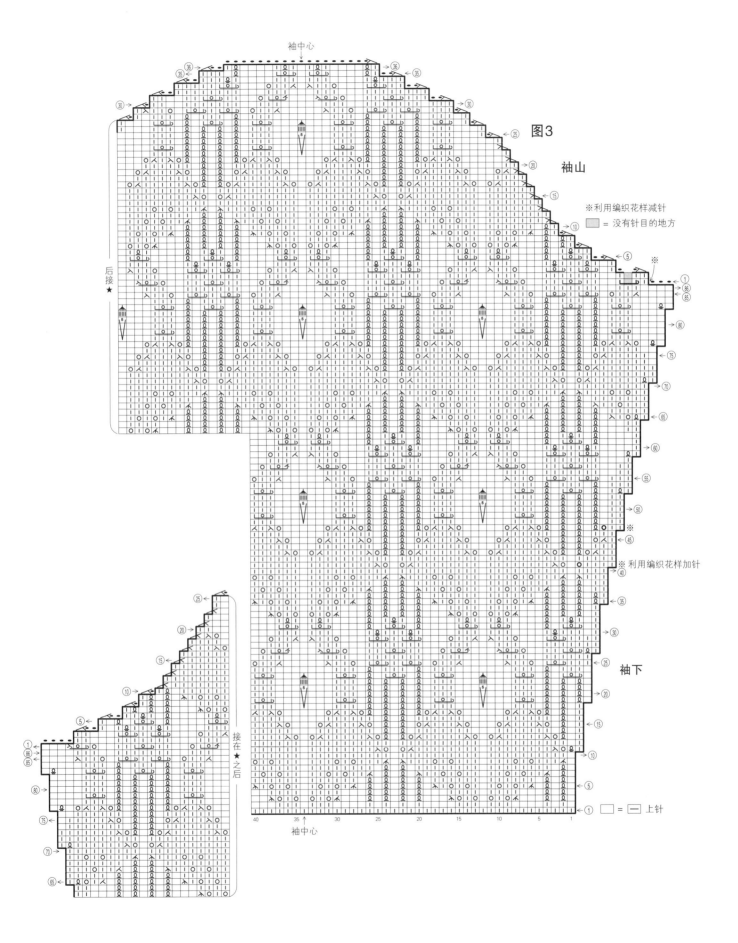

袖中心

图3

袖山

※利用编织花样减针

▨ = 没有针目的地方

后接
★

※

※利用编织花样加针

袖下

接在
★
之后

□ = — = 上针

袖中心

COUTURE KNIT 20（NV80471）クチュール・ニット 20

Copyright©H.SHIDA 2015©NIHON VOGUE-SHA 2015All rights reserved.
Photographers:HITOMI TAKAHASHI，NORIAKI MORIYA
Original Japanese edition published in Japan by NIHON VOGUE CO., LTD.,
Simplified Chinese translation rights arranged with BEIJING BAOKU
INTERNATIONAL CULTURAL DEVELOPMENT Co., Ltd.

备案号：豫著许可备字-2015-A-00000142

图书在版编目(CIP)数据

志田瞳优美花样毛衫编织. 6，华美的编织花样/（日）志田瞳著；风随影动译. —郑州：河南科学技术出版社，2016.1
（2024.8重印）

ISBN 978-7-5349-7968-2

Ⅰ.①志… Ⅱ.①志… ②风… Ⅲ.①毛衣－编织－图集 Ⅳ.①TS941.763-64

中国版本图书馆CIP数据核字(2015)第243101号

出版发行：河南科学技术出版社
　　　　　地址：郑州市郑东新区祥盛街27号　　邮编：450016
　　　　　电话：（0371）65737028　65788613
　　　　　网址：www.hnstp.cn
策划编辑：刘　欣
责任编辑：刘　欣
责任校对：张小玲
封面设计：张　伟
责任印制：张艳芳
印　　刷：河南新达彩印有限公司
经　　销：全国新华书店
开　　本：889 mm×1194 mm　　1/16　　印张：6.5　　字数：140千字
版　　次：2016年1月第1版　　2024年8月第7次印刷
定　　价：29.80元